狗狗和我一樣幸福

這輩子，我們要一直一直在一起

我們好好總監 **馮云** Dog 老師全能發展學堂 **熊爸**

& 我們好好團隊

著

晨星出版

happy together
我們幸福一起

狗狗不會說人類的語言，只能用行為和眼神來表達她們的喜怒哀樂，
喜歡這件事 討厭那個人 愛去某個地方 愛吃這個食物‥‥‥
理解這些細膩又真誠的表達，就是我們在一起的happy;-)

因為我們是一家人

大家都說養狗的人愈來愈多，是因為現代人都不生小孩，

所以就養狗來像小孩一樣照顧，

但就我的觀察發現，

是現在人與人的關係愈來愈差，

所以心理需要可靠的陪伴對象，而狗狗就是最可靠的陪伴對象。

他永遠愛你比愛他多，他不會算計你不會出賣你，

更不會隨便拋棄你。

現在的研究指出，養狗的人身體比較健康，心情比較愉快，

小孩與寵物接觸，犯罪機率降低，

所以與狗狗生活是如此的幸福，

當然人狗都要一起幸福，因為我們是一家人。

[序]
幸福，從此開始

愛著一隻狗或愛上一個人，都可能因為一個任性。
愛上的同時，我們擁有了兩種時空，一個是「我」，一個是「我們」。
在我們眼中，看到了某種恆定如宇宙的永遠。

三十四歲的時候，朋友家裡的古代牧羊犬生了八隻小狗狗，問我想不想領
養一隻呢？
被問到的時候，心裡感覺又愛又怕，愛的是從小就莫名的非、常、愛狗。
常常想要養一隻狗，怕的是三十幾歲的我還不知道如何讓自己幸福，又要
如何帶給狗狗幸福？非常心虛。

無論有多怕還是阻擋不住心中的愛，去了朋友家看一整窩兩個月大的小古
代狗，一隻一隻抱在懷裡感覺好幸福，屈服在愛的光輝下，最後笑著帶了
一隻回家，取名叫「馮咪咪」。雖然和朋友講好了「只試養一個星期，如
果真的不行就會還給他……」。

一晃眼十二年過去了，馮咪咪狗改變了我的生命，馮咪咪狗用它全部的生
命來愛我。這種看不見卻真實存在的愛，讓我內心深埋本已消滅不見的愛
苗開始成長，對世界的冷漠開始融化，逐漸讓我感到溫暖，臉上慢慢有了
笑容。

散步的時候我和她說話，難過傷心的時候她讓我抱著。她陪伴我每天散步
上下班十年，風雨無阻。她洗澡時被美容師打傷了鼻樑，找不到可以好好
洗這麼大隻狗的美容店，所以自己幫她洗澡。她忍耐我糟糕的洗了兩年
後，為了她，我創立了我們好好……在我們好好的分享講座上相遇了我的
Mr.Right盧魚先生，盧魚先生帶著愛麗絲狗，我們結婚了。
一起成為永遠的家人……

謝謝咪咪狗，讓我開始愛，開始幸福。

[CONTENTS]

Part 1

心甘情願豢養與被豢養
開始「愛」

「如果你愛著一朵盛開在浩瀚星海裡的花，

那麼，當你抬頭仰望繁星時，便會感到心滿意足。」

" Si tu aimes une fleur qui se trouve dans un etoile,

c'est doux, la nuit, de regarder le ciel. "

——小王子

我們喜歡狗，卻常忘記背後是有責任的

在我們和狗狗獨一無二的豢養關係開始之前，一定要好好想一想，不要被浪漫美好的幻想沖昏頭了～

這是一輩子的事。

我知道提這些事情很掃興也不浪漫，但是很重要。

在豢養關係開始「愛」之前，要知道自己對這些事情都能夠「心甘情願」，願意負責才行，唯有負起責任，我們才能夠開始，愛。

● 每天都要有幫狗狗清理大小便兩到三次的恆心與毅力

沒有養狗之前可能會無法想像自己「主動」去抓一坨大便的感受，所以可能有些人會覺得可怕，一旦真正養了狗狗之後，就會發現，其、實、真、的、沒、什、麼～甚至在抓起來的同時，還會主動關心大便的形狀、軟硬和顏色……

● 每天準備新鮮的食物和飲水

狗狗是雜食動物，其實吃得和人很像。不過狗狗的新陳代謝比人快很多，如果吃不好，很快就會生病；吃得好，痊癒的能力也比人類強很多，所以一旦養了狗，一定要好好學習營養相關的知識，才能讓自己和狗狗幸福。

● 每天帶狗出門散步兩到三次

很多人可能會以為出門去散步只是為了要讓狗狗尿尿便便，其實不盡然。
狗狗非常需要每天出去外面東聞聞西聞聞、四隻腳踩在草地上，可以排解
生活中累積的髒電，焦躁的壓力和壞情緒也都可以因此紓解。
建議每天至少要兩次，三次以上更好，一次十分鐘也沒關係，對居住在都
市房子裡面的狗狗來說，這是非常重要的一件「大」事。

● 學習和狗狗相處與溝通的方法

狗狗不會說話，表達情緒和想法都是用身體語言，有時候半夜叫、有時候
在家裡尿尿、有時候拚命聞電線桿不肯走……其實都是一種表達方式，若
是要豢養狗狗，愛他就要懂他。

如果想從幼幼狗開始養起，那麼也要有心理準備，幼犬會比成犬需要更多
時間照顧，比較愛哭鬧、會亂衝、不聽話、胡亂大小便、亂咬亂啃、抵抗
力低易生病。不過幼犬從小自己帶大的話，我個人覺得個性通常會有主人

的內在特質，長大後也會比較貼心，和從成犬開始養起的感覺，真的很不一樣啊。

● 陪狗狗玩耍和運動
狗狗不會是我們生活的全部，但我們多半是狗狗的全部。狗狗除了睡、吃、散步，還需要玩耍，有些運動量大的狗還需要你陪他跑步運動，這些事情都是在養狗狗前，要先想想自己是否有辦法可以做到。

● 洗澡美容和梳毛
雖然不是每種狗狗都需要美容剪毛和每天梳毛，但是多半還是需要洗澡的。在養狗狗之前要先想想自己有沒有辦法負荷，可能是時間、可能是美容洗澡相關的技術、可能是送洗送剪的費用。

● 學習狗狗不生病的知識
若是吃不對、散步不夠、運動不夠、玩耍不夠……都可能造成狗狗生病，狗狗的忍痛力和人不一樣，再加上不會說話，常常生病了主人會察覺不出來，一旦察覺出來往往已經很嚴重了，所以每年的健康檢查，以及要如何尋找適合的醫生……都是狗狗主人要學習的功課。

● 為了照顧狗狗，可能也不太能出遠門唷
我個人不太建議狗狗自己去住旅館，他可能會誤解你要把他丟掉，會感到壓力、悲傷和孤單。所以一旦要出遠門，就可能要麻煩適合的朋友或是親戚來照顧。

● 還要考慮自己身體狀況適合養狗狗嗎？

照顧好自己的身體，才有餘力去照顧狗狗，才能把自己的愛分享給狗狗。

會不會對狗毛過敏呢？過敏是現代人最常見的慢性疾病，毛髮皮屑也是過敏源的一種，甚至是狗狗身上的黴菌、寄生蟲，都可能對會人類造成過敏現象。

對狗毛過敏的反應：輕則打噴嚏、流鼻水，嚴重的話會引起氣喘。如果豢養之後才發現對狗狗毛髮過敏，最後只好將狗狗轉送他人。狗狗面臨轉換主人一定會焦慮，還必須重新讓狗狗對新主人建立起信心。

狗狗需要的生活費預計

每年一到兩次健康檢查、預防針注射、飲食費、洗澡美容、寄生蟲及心絲蟲預防藥、外出用品、生活用品（牽繩、碗、背包、玩具、衣服……）。

生活在現代都市的狗狗，基本開銷，加起來每月的生活費用大約落在2000～15000新臺幣左右。

體型愈大的狗狗吃得愈多，毛愈長的狗狗美容花費愈高。如果狗狗不幸生病了，或者發生意外的醫療費用比人高很多，因為沒有健保給付。在豢養關係開始之前，建議也要把這個責任事先考慮進去。

適合狗狗生活的居家環境設計

● **防滑材質的地板**

光滑的地板像是磁磚、
大理石地磚、木板，狗
狗行走時容易打滑，對
狗狗的關節會造成負擔
（尤其是老狗大狗）。
因此，狗狗的活動範圍

要選擇方便活動、不易滑倒的材質。毯類的材質雖然止滑、緩衝力佳，但如果是易掉毛的犬種就不好清理，也可能會有跳蚤、壁蝨藏匿的問題。軟木地板也是不錯的選擇，止滑效果佳，但容易會有刮痕產生，而且臺灣溼氣重，軟木地板比較無法耐潮。

新家後來用法國編織波龍地板裝潢，防水止滑舒適且超級耐用，非常適合有狗狗成員的家庭使用，唯一的缺點就是貴了些……

以臺灣居住環境來説，波龍編織材質是優質的選擇，無毒、耐磨且完全防水，容易清潔，可以直接用水清洗保養。單價較高，但有保固，比較不怕狗狗掉毛嚴重會藏汙納垢。

日本很重視老犬的居住空間，已開發出多種止滑地墊，提供多種花色可以自己拼接，材質止滑也防水，方便拆卸清洗，可以鋪設在狗狗需要的活動空間，自由調整需要的大小範圍。

比較簡單的做法：可以在狗狗活動範圍內另外鋪上巧拼，好清理又止滑，單價便宜，也方便汰換更新！

② 為什麼要養狗狗呢？

養狗狗雖然為人生增加了不少責任，但是還是有很多人很愛狗，而且養了很多隻狗……如果你還沒養狗，可能會問「為什麼要養狗狗呢？」也說不定你已經養了很多隻狗了依然還是有這個疑問。

這是**因為愛啊**。
原來埋藏在心底的愛，會因為和狗狗貓貓一起生活，一天一天成長。
一旦擁有了彼此的相愛，就會感到幸福。

看到這邊，如果你是一個想要養狗的新手，這裡千懇萬求你不要買狗！光是這樣對狗狗來說就是一種大愛了，因為大部份的狗狗繁殖場生活環境惡劣，業者為了利益採取不人道的繁殖方式或是近親繁殖，讓生下來的狗狗有遺傳疾病等問題，有些甚至會棄養不能生育的母犬及無法賣出去的幼犬。如果每個想要養狗狗的人都拒絕用錢購買小狗，如果我們都是用領養狗狗的行為來抵制非法繁殖業者的殘忍行為，就能減少這種慘絕狗寰的變態世界繼續擴大。

如果你馴養了我，
我們就彼此需要了。
對我而言，
你就是宇宙之間
獨特的存在；
對你而言，
我也是世界上
獨特的存在。　　——小王子

以領養代替購買！何處可以找到我的狗狗：

❶ 動物之家（收容所）

是領養狗狗最常見的地方，有不同大小、不同年齡的狗狗可以做選擇，動物之家有管理員協助狗狗的照護、犬舍整理、餵食、訓練，也有做好驅蟲預防、疫苗注射，也提供領養之後的免費服務，像是協助寵物登記、晶片植入、絕育手術的優惠等等，來動物之家認養狗狗是很棒的選擇。

❷ 朋友家或朋友的朋友家生了小狗

馮咪咪就是朋友家生小狗的美好緣分，如果你想從朋友家領養狗狗，建議可多在臉書或是相關社群媒體發送這個訊息，遇見適合的狗狗，除了在認識看看的同時，也能了解狗狗的爸媽。

❸ 狗狗美容沙龍

我們好好就常常有客人帶走失的狗狗來請我們幫忙協尋，如果迷路的狗狗無法順利找到家人，狗狗美容沙龍就可以協助狗狗領養。

❹ 狗狗家族俱樂部送養資訊

品種犬的狗狗家族俱樂部，常常有狗友送養的資訊，可能是家中的狗狗生的幼犬，也有可能是無法繼續飼養的狗狗需要找新的家庭，可以透過網友來了解狗狗要送養的原因，飼養上有什麼習慣需要知道。

如果是要收養已經訓練過的成犬，生活上會比較好照顧，但是狗狗需要時間適應新環境，也要看狗狗的個性會不會容易焦慮，不然收養之後就需要

再花更多的時間、愛心、耐心來教育狗狗，一旦決定收養就不要隨便再將狗狗棄養唷（再次拜託）。

❺ 街頭緣分

很多時候在街頭上、回家路上走著走著，就有可能遇到屬於我們和狗狗的緣分。街頭寶貝有些從小是流浪犬、有些是走失迷路變成流浪犬，在帶浪浪回家之前，得先帶去動物醫院檢查身體狀況，健康篩選沒問題之後的下一步就是正式領養狗狗，植入晶片、完成寵物登記。流浪過後的狗狗習慣了街頭的自由生活，一旦被收養進入家庭，要重新適應、學習規矩，從基本的服從訓練開始教育。

領養狗狗回家的步驟

狗狗的居家基本用品要在領他回來前先準備好唷！

不管你領養的狗狗是成犬或是小幼幼，狗狗需要的日常生活用品都要先準備好，包括：狗屋或睡窩、飲食用具（碗、飼料或鮮食）、散步外出用具（牽繩、背包）。

如果要讓狗狗在家中尿尿，記得要準備讓狗狗尿尿的區域，並備好尿盆、尿布墊，狗狗一回家就可以讓他習慣新家的活動空間、睡覺區域、廁所區域，更快讓狗狗愛上他的新家。

STEP1：健康檢查

在帶狗狗回家之前，先調查一下住家附近的動物醫院。

可以詢問狗友或美容師等人的評價，找尋方便立即前往的動物醫院，評估家庭醫生適不適合你家的狗寶貝，之後帶狗狗去醫院檢查也較安心。

如果從幼犬時期就由固定的家庭醫生來看診，可以更了解狗狗的狀態，能提供更多照顧上適合的建議。

還要先查詢好附近地區有沒有24小時急診的動物醫院，尤其是領養小幼幼的新手爸媽，可能會有突發狀況，事先調查好可以避免臨時手忙腳亂。

流浪動物之家雖然都會協助初步篩選出健康的狗狗開放領養，但建議領養手續完成之後，還是要去找獸醫做一次全身健康檢查。

STEP2：疫苗注射

如果要注射疫苗，建議狗狗要在白天注射，注射完一星期內不要洗澡，免疫力較低時，狗狗洗澡容易著涼感冒。

STEP3：寵物晶片登記

狗狗有了身分登記，如果不幸走失時，只要到公立收容所或獸醫院掃描晶片，就可以查詢到主人的資料。

③
狗狗和我一樣幸福

狗狗為何要和我一樣幸福呢？

因為愛啊。

「真正重要的東西用眼睛是看不見的，得用心去感受。」《小王子》這本書裡，狐狸告訴小王子一個秘密：「你在玫瑰花身上所花費的時間，讓你的玫瑰花變得如此重要。」

我們和我們的狗狗或許都不獨特，但真正無可取代的，是我們願意花在狗狗身上的時間，是我們願意留給彼此的時間。

真心愛上了狗的人，心底就會單純的想要讓「狗狗和自己一樣幸福」。

從狗狗第一天來到我們懷抱裡開始愛，有時因為狗狗的可愛而單純的感到開心；有時只是摸摸他們的毛逗逗他們就會感到放鬆；有時會因為狗狗生病而感到憂心，甚至因為狗狗突然走失不見了而崩潰傷心難過……這是一種不為什麼單純的愛，就像是母親對小孩一樣的愛，這種愛的能量因為無私所以特別。從豢養關係開始，我們開始感受到自己的存在，我們多麼心甘情願成為狗狗心裡的愛，我們多麼幸運能在宇宙間留下如此微小而巨大的印記。

這本書是因為這樣的愛而寫的，希望「每個心甘情願豢養狗狗的爸媽與被豢養的狗狗」都能因為這本書的經驗分享而更加幸福。

初來到我家的小幼幼

● **在狗狗的一生中，第一年是最重要的關鍵期**

通常狗狗帶回家，大約是在二至三個月大的年齡時，要注射第一劑預防針，可以保護免疫力低的幼犬不被病毒、細菌感染。這時要開始進行簡易的訓練，如廁訓練是最重要的一件事，尤其是室內廁所，一定要盡早讓幼犬習慣，簡單的指令訓練也可以開始進行。

第二劑預防注射完後，讓狗狗學習社會化，帶狗狗外出，接觸不同的人事物或其他狗狗，滿足狗狗的好奇心！

一個月後再追加第三劑預防針及狂犬病疫苗，幫助幼犬產生足夠的抗體。

幼犬時期的狗狗，每天都擁有旺盛的好奇心，吃、玩、睡覺是他們最重要的事，要注意他們喜歡把看到的東西都咬進嘴裡，或是啃一啃吞下去，所以危險的物品需要整理妥當，放置在狗狗碰觸不到的地方，包括電線、插座、芳香劑、剪刀……必需固定或收納好！在成為健壯的成犬之前，幼犬的骨骼還未發育完全，是很脆弱的，尤其是小型犬的幼犬，請避免過度激烈運動、玩耍或跳躍，這些都很容易讓幼犬骨折或關節受傷。

隨著狗狗長大，進食量也要隨之調整，可以依照狗狗的活動量、目前胖瘦度調整餵食量，並配合成長速度增加餵食量，讓狗狗攝取適當的營養。

幼犬的抵抗力較低，
要根據成長的狀況，適時增加免疫力

1、母乳

小狗出生後，狗媽媽這三天內分泌的母乳稱為「初乳」，初乳中含有免疫球蛋白，是幼犬獲得母狗的免疫抗體的主要途徑，以及後天免疫力的關鍵。

2、疫苗預防注射

幼犬出生約60天後，來自母乳的免疫力會逐漸消失，容易感染病菌，這時就需要接受「預防注射」！

幼犬一共要注射三劑預防針，才能有足夠抗體，獲得免疫力，但疫苗的效果只有一年，所以每年都要追加一次預防注射，預防狗狗間的傳染病！

3、補充營養品

幼犬斷奶後，開始進食，請根據活動量做適量的餵食。如果腸胃較弱，可以補充益生菌，讓幼犬提升消化、吸收能力！

每天要按時觀察幼犬有沒有以下異常症狀

1、有沒有咳嗽？

2、有沒有流鼻水？

3、食慾不振？

4、嘔吐或腹瀉？

5、便便和平常不一樣？軟便？拉肚子？

若有狀況，要及時就醫！
要特別注意狗狗是否有發
燒，如果沒有動物專用的
溫度計，摸摸看狗狗的耳
朵、四肢末端或尾巴，要
是摸起來都冷冰冰的，可
能就是已經發燒了！

Part 2

狗狗和我一樣幸福 吃好食

擁有健康的時候覺得一切都是理所當然，
就像是空氣、陽光和水一樣。
一旦某天生病，呼吸不到空氣了，
沒了陽光沒了水，才知道這些真是「超級重要」的。

均衡的原生鮮食 = 健康快樂的基礎

我養馮咪咪狗的時候因為是新手，再加上強力廣告以及獸醫師還有朋友都這樣說，所以理所當然地認為，狗狗就是要吃狗飼料，甚至以為狗狗只能吃狗飼料，不能吃其他的東西。

這真是大錯特錯啊！

三十四歲後因為愛上運動，四十歲後則是想要跑完226公里超級鐵人賽的原因，陸陸續續拜了不少健身鐵人教練為師，也因此專研了很多關於身體營養與能量的相關知識，並用自己的身體做測試，愈吃愈挑剔也愈健康。因為食物吃對了，所以身體一年比一年更精實與年輕，以前對食材幾乎沒有反應可言的敏感度也一年比一年敏銳。

吃東西的原則，從視覺與認知的好不好吃，變成以「油脂、蛋白質、碳水化合物」這三大身體所需營養素的比例來擇食，看起來很美味的食物或是很有名的料理，其中若是有不好的食材、油、鹽、調味料……身體一吃下去就會有反應，有時是嘴巴起血泡、有時是喉嚨痛且多痰、有時是腸胃出現脹氣……就會停止食用。

任何一種動物，長年只吃加工合成品，完全不吃或只吃少量新鮮自然的食物，對健康和心靈都很傷。

狗狗只吃加工過的狗飼料，不僅會缺乏新鮮食物中的酵素與能量，而且廠商在製造飼料過程、原料來源、品質管理都無法得知，廠商的管理良莠不齊，很多廠商為了節省成本而使用對身體有害的原料。近年來臺灣很多大型廠商的食品安全都出了大問題，油品、泡麵、餅乾、海帶……給人吃的加工食品都如此這般了，何況是狗狗？

光吃飼料容易吃出很多身體心裡的問題，即使短時間看不出來，一旦時間長了，累積的毒素會造成身體很大的負擔。

很多狗狗七八歲就開始長瘤、得癌症、肝臟胰臟出問題……加工食品只有熱量沒有能量，狗狗不會說話，無法表達身體的不舒服，狗狗身體的新陳代謝比人類快很多，所以往往發現身體出了問題時，已經到了來不及挽救的程度。

我以前都是買有機飼料當成馮咪狗的主食，但馮咪咪在三歲時發現有白內障，七歲時洗澡發現乳頭流膿，開刀拿掉子宮後開始不停地長大大小小的腫瘤，為了割除腫瘤，開了幾次刀後才驚覺……自己怎麼會給馮咪咪吃完全不知道是什麼做的人工合成物呢？

後來改吃國外醫生調配好的生食，最後自己為了吃得更健康，每天開火煮自己的早餐與晚餐，所以家裡的狗狗們就一起跟著吃臺灣在地原生食材做的鮮食。

飲食，對身體和心裡的影響都非常巨大。

不論對任何動物，包含人類都是一樣的，要健康、要開心、就要吃得好！只要吃得好，身體就不會生病。即便生病了，受到外部的細菌感染，或者外傷，只要平常營養夠均衡完整，身體的自癒力就會強，痊癒的速度也會很快。身體的抵抗力強，有些小的感染常常還無法覺察就痊癒了。

不論是人或是狗狗，想要健康快樂，最好避免吃人工加工食品，盡可能每餐都能以「多、樣、化」的新鮮食材為主，才能營養均衡！

②

「在地＋當季＋新鮮」的原生食物最好

「在地、當季、新鮮」的「原生食物」不僅營養能量較高，也比外國來的食物要來得強很多！

所謂的「原生食物」就是「從土地中長出來的，或有爸媽生出來的食物」，像是雞蛋、糙米、番薯、南瓜、青菜、各種蘿蔔、牛肉、豬肉、雞鴨肉等，這些就是很棒的鮮食。

建議買「在、地、當、季、新、鮮」的食材，因為採收的時間較短，愈新鮮的食物能量愈好也愈強，國外來的食材多要經過檢驗，運送過程耗費時間，同時臺灣的檢驗過程也會耗損食物的能量，所以很多國外來的水果蔬菜如果仔細品嚐，常常是只有甜味而沒有滋味的。

除了最好使用「在地當季新鮮」的「原生食物」之外，在購買的時候也要注意農藥殘留的問題，肉品與雞蛋要了解源頭所吃的食物是否為無毒？居住的環境是否是自然放養？海鮮要注意生長環境，野生的可注意是否是用友善的方式捕獲……這些因素都會影響食物的能量。有機蔬菜價格較高，因為驗證的手續及費用很高，會反映在售價上。

大家也可以費些心思，在山上、網路上甚至菜市場，都有機會可以找到一些小農自種自產的無毒蔬果，其實臺灣有不少優質的小農作物，驗證和有機通路的費用都能節省下來，價格也較平實。

在地／當季／新鮮／蔬果有很高的能量。

狗狗常常去戶外吃草……

真的是「當季新鮮在地的原生食物」啊———

少了有機通路的驗證，要如何知道一般的蔬果是否有無農藥殘留呢？

其實健康的身體用心吃，沒有化學合成調味料來干擾，是絕對可以吃得出食物品質哪些是好的，哪些是參雜了農藥，或是新鮮度不夠的。

沒有能量的食物，一吃就有怪味，難以入口，有些不好的食物用聞的就可以聞出臭味，這種食物吃下去，除了對健康沒有幫助外，身體也可能會出現問題，像是皮膚長青春痘或是過敏，這都是反應症狀。更敏感的身體會有更立即的反應，像是口腔內馬上起血泡、喉嚨腫起來、出痰或是灼熱燥痛感……這些都是食物品質出了問題的訊號，身體在提醒我們這些食物會

對身體造成損傷不要吃。

所以給狗狗吃的食材，建議主人可以自己先試試，若是覺得滋味很好，沒有怪味道再給狗狗吃。

現代人因為到處都是化學合成食物，就算是好的鮮食也會用化學品調味料料理，再加上吃進很多糖類食品，身體多已失去分辨食物的能力。所以分辨食物的品質，建議大家可以用科學的方式來了解，買些家用測試蔬果是否有農藥殘留的試紙或是機器來做協助，雖然沒有檢驗所那麼的精準，但也是一個過濾的方式。

狗狗的身體比人類更敏感，反應更快速，只是狗狗不會表達，很多狗狗只是用不吃來表示吃進去的東西讓他不舒服。許多主人不知道，會不管這個情況，強行只給狗狗飼料而不給其他的鮮美食物，不吃就把飼料收起來，一直餓到他不行了只好被迫接受。時間久了，腫瘤、肝病、免疫系統失調、胰臟腎臟出問題，這些多是食物造成的傷害。

狗狗「可能」不能吃的食材：

就像有些狗狗一生都吃飼料但還是一樣健康，每隻狗狗的狀況都不一樣。

以下列出狗狗吃了可能會出問題的食材給主人參考：

1、咖啡因、酒精以及辛辣味道重的調味料：辣椒、胡椒、芥末、洋蔥、韭菜、巧克力、葡萄、紅蔥頭等比較刺激的食物，最好問過醫生再給狗狗食用。

2、加熱過的動物骨頭、雞骨、魚骨等，雖然有鈣質的營養，但尖銳的骨頭容易會刺傷內臟，要讓狗狗食用這些骨頭，要用食物料理機打成泥。

3、有微量毒素的食物：蘋果核、發芽的馬鈴薯。

4、不易消化的海鮮蛋白質類：花枝、章魚等，不新鮮或是保存狀況不好，容易感染細菌的食材也要特別注意。

記得有一次在菜市場和一位之前沒買過的小販買了一塊現殺的雞胸肉，煮給我家三隻狗狗吃，結果三隻狗都拉肚子拉了三四天才痊癒。所以建議主人可以先試吃看看食材有沒有怪味，再給狗狗吃。就像每個人的身體狀況各異，每隻狗狗的狀況也不一樣，所以觀察狗狗對食物的反應才是最重要的。

狗狗一天吃幾餐呢？

獸醫或狗狗行為師都建議狗狗一天兩餐就夠了，甚至一天一餐。我個人建議若是時間和能力允許的話，和人類一樣，狗狗少量多餐是比較好的方式，營養吸收會比較好，腸胃的負擔也比較小。一天如果食用兩次主餐，在兩主餐的中間可以給狗狗吃些健康新鮮的點心，像是水果、地瓜、水煮或蒸肉條、去了刺的魚片……都是好選擇。

一餐的分量要多少？

日本獸醫博士須崎恭彥醫生在《這樣吃，狗狗不生病》書裡建議：體重10公斤左右的狗狗鮮食建議量約300公克左右，油脂要補充到20克，蛋白質：澱粉：蔬果等營養比例約1：1：1，分量隨著狗狗的體重以及年紀、活動量做刪減。這個和我看了國內外營養師所列出來人類的營養比例其實非常相近。

雖然可以依照這樣的營養比例來給狗狗食物，但重要的還是觀察狗狗的反應，每一隻狗狗的身體和生活狀況都不一樣，一兩歲常奔跑的狗狗一般會比每天窩在家裡的宅狗需要更多營養。老狗和年輕的狗、生活習慣不同的

狗、營養吸收狀況不同的狗，對食物的需求分量與比例都會有所差距。一般來說澱粉可以供給活動的能量，建議早餐可以多吃一些；晚餐的部分建議蛋白質的量多增加一些，因為蛋白質提供的胺基酸參與了身體內各個臟器，甚至每一個細胞所有的代謝或合成反應，是非常重要的營養素。

油脂的營養是最容易被忽略的，其實我們人也一樣唷。若身體缺乏了好的油脂營養，有很多身體的機能都無法啟動，無奈臺灣現在的油脂多因商人的貪婪而不使用冷壓來做油，因為冷壓成本高且產量少。一般而言，好的植物性油脂對溫度非常敏感，高溫容易使油脂結構被破壞，不僅無法發揮原本的效果，甚至對身體有害。

用高溫處理過的油是已經壞了的油，有油耗味，所以不肖商人會再加上化學添加物來壓住油耗味，更可惡的壞商人為了多賺錢，從製油的原料來源就有問題，吃進壞油、化學添加物的毒油，不僅會讓人發胖發腫，還會生重病，也是得到許多不治之症，像是癌症失智症等的原因。

狗狗也是一樣，我們多年來都被灌輸了要少油少鹽的錯誤觀念。謝謝須崎恭彥獸醫博士特別強調了油脂對於狗狗的重要性，所以大家在幫自己或是狗狗準備鮮食時，一定要記得「加油」唷，而且要加好的油脂，像是有歐盟有機認證的亞

狗狗和狗爸狗媽多樣換著食用各式好油，就會變美變健康。

最推薦的椰子油，可冷食熱炒煮飯，還可以保養主人皮膚頭髮，狗狗也可用來保養毛髮。

麻籽油、紅花油、橄欖油，強調歐盟有機認證的原因是在於歐盟有機認證的檢驗相較於臺灣或是美國都嚴格很多。

另外椰子油對人和狗都非常好唷！個人特別推薦一款很棒的椰子油，48小時內採收後就冷壓初榨，有著歐美日多重認證的有機椰子油。這些好油，都是很適合給狗狗或是自己的好油，要多吃。

食物營養的相關知識，建議大家可以多做閱讀了解，對自己以及狗狗都大有幫助。

像是須崎醫生不僅是日本獸醫博士，日本寵物知識比臺灣先進很多，所以他有多年狗狗吃鮮食經驗，裡面也有很多狗狗吃鮮食後身體變得很好、不藥而癒的案例。很建議大家給狗狗食用鮮食。不過要特別注意，因為每隻狗狗都是特別的個體，不論是醫生或是營養師，或是日本獸醫鮮食權威，以及我們這本書裡寫的，對大家都是「建議」，真正適合不適合自己家的狗狗，還是要靠我們的細心觀察。

⑤

狗狗鮮食去哪找？

長年吃飼料的狗狗有可能會
出現一些症狀，像是精神不
濟、惡臭、皮屑、腫瘤……
這些問題在改吃鮮食之後都
有機會改善，所以不少狗爸
媽都開始自己動手做鮮食給
狗狗吃。

鮮食最重要的，當然就是好
的食材！

在家做鮮食給自己還有狗狗吃，是
最重要的家事，也是生活健康快樂
幸福的基礎。

好食材哪裡找

● 有機商店

有機商店裡多是經過認證的有機食材,所以對消費者的保障會多一些,吃起來比較安心。但缺點也不少,除了價錢相對偏高之外,有機商店因為多為大型連鎖經銷商店,作業程序再加上物流速度,到店的時間通常較慢,有時我們買回家之後,才發現食材的新鮮度有點低,同時也會參雜一些溫室內栽種的蔬菜,吃起來的食材能量常常不及無毒小農的蔬果。

● 各地的有機小農市集

臺灣各地都有小農集結成的有機市集,可以直接和農夫買。這種市集的好處之一是價錢比有機商店便宜,因為少了通路費用。二是食材的新鮮度較高,不過小農市集不是很普及,而且出來賣的時間也比較短,所以購買會花比較長的時間,如果家附近就有有機小農市集那就太好了!

臺灣各地的有機小農市集

台北	微風樂活有機農夫市集，每月排定兩次之六日9：00～17：00 中正紀念堂民主大道廣場 內湖—山川有機農夫市集 水花園有機農夫市集　每星期六11：00～17：00 田裡有腳印市集　每星期六上午10：00～16：00
新北	綠活有機農夫市集（每月第一及第三個星期）　每星期六09：00～14：00
桃園	桃樂市集—有機農夫市集　每星期日14：00～16：00時 桃園市中正路1188號（桃園展演中心門前廣場） 大溪鎮康莊路三段655-1號（平日在800號） 桃園市有機農夫市集　每星期六日07：00～12：00
苗栗	新盛假日有機農夫市集　每星期六9：00～16：00 苗栗有機農夫市集　每星期五15：00～18：00
台中	興大有機農夫市集　每星期六8：00～12：00 台中微笑黎明有機市集　每星期五 11：00～17：00 合樸農學市集　每月第二個星期六早上9：00～14：00
雲林	門口埕・有機農村市集　每星期六 8：00～18：00
嘉義	嘉大有機農產品市集　每星期六8：00～12：00
台南	成大有機農夫市集　每星期日早上8：00～12：00 台南市有機農產品市集　每星期六早上8：00～12：00
高雄	高雄南區消保有機農夫市集　每星期日8：00～12：00 高雄北區消保有機農夫市集　每星期六8：00～12：00 高雄市安心家有機農夫市集　每星期六15：00～17：00
屏東	屏東南島有機農夫市集　每星期六7：30～11：30
東部	宜蘭大宅院友善小農市集　每月第二個星期六10：00～13：00 台東有機農夫市集　每星期六早上 8：30～12：00 台東大學有機農夫市集　每星期日早上8：00～12：00

有機店和小農市集各有優缺點，
我本身最常去買菜的店家也提供給大家參考

● 我愛你學田　星期二到日10：00～21：00　星期一 10：00～19：00
地址：台北市大安區瑞安街224號
市集販售的新鮮食材都是採用臺灣當地產地直送的新鮮蔬果還有雞蛋，營
業時間較晚，所以如果下班才有時間，還是可以去購買。
食材都是臺灣在地種植的，吃進口中會讓人感到滿滿的新鮮與健康。
從學田購買的食材相較於一般超市來得新鮮許多，同時價位也不會像百貨
公司或有機超市昂貴，是個很不錯的選擇！更特別的是，市集樓上有附設
餐廳，使用的食材都是採用樓下市集販售的商品，好吃健康。
近期還和我們好好合作，一起推出了狗狗也可食用的「我愛你好好—鮮食
餐盒」，用的就是學田本身的有機小農食材。

● 我們好好　星期一到日 10：00～20：00

地址：台北市新中街50號

因為本來就是一間以狗狗美容及販賣狗狗週邊商品的店家，所有挑選的食材都是特別為狗狗所設想的，最適合狗狗主人參考。

除了有販售天然食材飼養的雞蛋，無毒宜蘭葛瑪蘭黑毛雪花豬，紐西蘭莎朗牛排等可以挑選之外，同時也販售臺灣有機食材，所以如果是住民生社區附近的朋友，可以來我們好好看看。

● 一般菜市場

其實去菜市場買菜也有機會可以買到好食材，只是本身要具備挑選食材的能力才行。一般來說蔬果太過於肥美鮮豔不一定是好的選擇唷，很有可能是農藥或是基改過後的樣貌，對人對狗都害處大過好處。

狗狗比人類更敏感，身體反應更快，若是吃到這些有農藥的基改食材，身體的反應也會相對激烈，所以最好挑選不會放農藥的蔬菜，像是地瓜葉、紅菜、山蘇……前面我們有提到，也可以使用市售的小型檢測硝酸鹽的機器，幫助我們過濾有害食材。

6

狗狗鮮食要如何料理？

狗狗遠古的基因是茹毛飲血「完全生機飲食」的動物，熟食的料理過程中很容易會破壞掉食物本身的營養，如果主人有把握可以找到好的食材，各式肉品、蛋、蔬果的來源安全，品質好的話，生機飲食對狗狗來說是最好的，因為這符合他們遠古時的基因。

因為臺灣氣候的潮濕，食材的來源狀況、主人本身進食的習慣和感受等種種原因，會讓我們感覺食材煮熟了給狗狗吃是比較安心的方式。若是如此，那就請大家儘量降低烹煮的溫度與時間，因為高溫和過久的烹煮方式對食材的營養破壞力較大，真的很可惜。

無論烹不烹煮，食材的優劣是最大關鍵，若食材新鮮無毒、天然美味，料理就愈簡單愈好，以不破壞食材原來的營養和能量為最高指導原則。

最好的方式就是以低溫蒸煮，如果是肉類或是魚片海鮮等，放入電鍋內清蒸或是用滾水汆燙都是很好的選擇，而且要特別注意烹煮的時間，煮太久或是溫度太高，營養就會被破壞。

以下是幾道狗狗家常營養均衡餐，大家在家可以試做看看喔～

宜蘭葛瑪蘭黑毛雪花豬排
綜合蔬菜拌飯

1、冷凍肉排不用解凍，
拆封後直接放入大同電鍋。

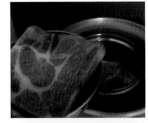

2、外鍋注入120cc的水，按下開關。

3、約20分鐘開關跳起，小悶5分鐘，可用筷子戳一下看看有沒有熟透，或是用刀片切開中間看看。

4、在砧板上將肉排切成薄片，若是十公
斤以下的小狗食用，建議切成一公分以
下的小丁塊；若是中大型狗，薄片就可
以直接食用了。

5、切碎各式顏色蔬菜，建議可選擇當地
有機的新鮮蔬果，顏色愈多愈好，表示營
養愈均衡。注意不要加入味道過重的辛香
料蔬菜（像是洋蔥、蔥、蒜等等）。

皮膚有脫屑的狗狗可以試著多吃些瓜
類，像是大小黃瓜、山苦瓜、冬瓜、西瓜的白色部分……這些都有
很好的消炎降火的作用。

另外像是紅蘿蔔、紅菜、地瓜葉、空心菜、小白菜、高麗菜、番
茄、花椰菜……這些臺灣本地產的蔬菜其實都很適合狗狗生食，直
接洗乾淨切成小丁，營養都很好，而且拌在飯裡狗狗很愛吃。

有不少狗很愛啃外面草地上的草，就像是吃生菜沙拉一樣，其實生
菜的營養成分確實比煮熟來得完整，很多蔬菜一經烹煮，營養就被
破壞了。如果可以生食就直接弄成生菜沙拉給狗狗食用吧！

不過也有很多蔬菜是一定要煮熟才能食用的，像是白蘿蔔、南瓜、
絲瓜、筍子、番薯、馬鈴薯等，若是沒有煮熟，有的會含有毒素，
要特別注意。

6、肉塊混合切碎蔬菜之後，再混合米飯麵類，以1：1：1的比例攪拌均勻。

7、再淋上些許有機冷壓油，像是椰子油、亞麻仁油、橄欖油等都是不錯的選擇，建議可以每天換不同的油，讓狗狗的營養更多元豐富，毛髮和皮膚更好。

橄欖油、亞麻籽油、深海魚油等omega-3脂肪酸含量高的油脂具有穩定皮膚，改善皮膚發炎紅腫、脫屑的效果。

以上，就是狗狗好吃又均衡的營養一餐～

豬肉、牛肉、鴨肉、雞蛋都是狗狗很好的蛋白質營養來源，雞肉雖然也是不錯的選擇，無奈臺灣近年來因為養殖狀況，市面上很多打了抗生素的雞

我們分不出來,所以要找到健康的雞肉比較不容易。魚肉也是很不錯的選擇。不過給狗狗吃魚肉或是海鮮時要特別注意魚刺與新鮮度的問題,新鮮度不夠很容易會造成過敏,有些市場裡有賣去好魚刺的新鮮虱目魚肉,有的有賣魚肝,也可買來幫狗狗添加營養。若是有經濟上的考量,可以考慮買虱目魚骨,三斤一百元,和一斤一百多的魚肉差了三倍的價錢。

虱目魚骨菜菜飯

1、買回來的虱目魚骨用過濾水洗淨。

2、放入電鍋,加水淹過虱目魚骨,外鍋放入120cc的水,按下開關等電鍋跳起後,再加一次120cc外鍋水,跳起若覺得想要再熬得透徹一點可以再煮一次。

3、熬出來的湯,主人可以自己煮粥吃,也可以給狗寶貝吃,一般熬湯剩下的魚骨都會丟掉,但其實還有不少肉,可以用食物料理機連骨帶肉加少許的水下去絞碎,最後打出來的肉骨泥,要用手指去搓,確定沒有任何一根魚刺才可以給狗狗吃唷。

4、一樣按照1:1:1的比例,拌入切碎各式顏色蔬菜以及米飯,就是狗狗完美的一餐嘍~

雖然這道料理的時間會比較長，但是物美價廉，營養非常高唷～虱目魚含有維他命A、B1、B2、C、E、DHA、EPA以及鈉、鉀、鈣、鎂、鐵、磷、鋅等豐富的營養素，和其他肉類相比，吃虱目魚的蛋白質吸收率很高，可達87%至98%，魚肉中的游離氨基酸和核苷酸含量也特別高，對肝臟有很好的保護作用，皆具有抗氧化，恢復疲勞，增強抵抗力的功能。還有豐富的膠質、鈣、磷，對骨頭非常好。

虱目魚油中的Omega-3脂肪酸、EPA、DHA最豐富，多吃富含Omega-3的魚可降低罹患癌症的機率，還可降低發炎。虱目魚頭上的脂臉更富含膠質、鉀、鈉。膠質是肌腱、韌帶及關節面的重要物質，缺少時，關節會較僵硬而無彈性，如果要熬魚骨湯，也可以買魚頭一起下去熬。

糖心蛋蔬菜拌義大利麵

五分鐘內輕鬆完成糖心蛋的料理步驟如下：

1、購買有機認證無毒的蛋用水洗淨。因為是半生熟的糖心蛋黃，更要挑剔一些，買食材的錢不要省，好的食材

吃進去可以強壯身體，不好的食材吃進去會毒害身體，省下的錢以後可能都要拿去看醫生了，這個錢千萬不能省。

2、將一張廚房紙巾淋濕後放進電鍋，再放上要蒸的蛋。我有多次放入四顆蛋一起蒸的經驗，而且一次放數顆超級省時。

3、然後按下電鍋開關（這裡是指大同電鍋），當黑色按鈕一跳起來，就要趕快將蛋取出來，馬上用食用冷水急冷後就完成了！

4、糖心蛋做好之後，除了蛋白蛋黃之外，「蛋殼」也不要浪費。蛋殼本身含有很好的營養，是提供骨骼鈣質的價廉物美補給品，從蛋中孵化出的雛鳥，他們的骨骼成長主要就是來自於蛋殼。建議可以直接將蛋殼搗碎，或者用食物研磨機把蛋殼磨成粉末給狗狗食用，但要注意食用量，若是過高，狗狗的便便容易變過硬。更要注意蛋的品質和來源，品質有被檢驗的「有機蛋」是比較好的選擇。

5、給狗狗吃義大利麵是不錯的選擇，因為歐洲國家的小麥種植拒絕使用基因改造的種子，所以若是來自義大利本地麵粉製作成的義

大利麵是不錯的小麥營養來源。

義大利麵有很多形狀，給小狗吃可以直接選擇本來就比較迷你的形狀，煮個十分鐘左右就是狗狗很好的澱粉來源。不過這個吃多了會變胖，正在瘦身的狗狗改吃糙米可能是更適合的選擇。糙米對大多數狗狗來說比較難消化，卻可以提供豐富的膳食纖維，有糖尿病的狗狗若要控制血糖可以選用糙米替代白飯。給予糙米作為澱粉來源一定要注意狗狗腸胃道的接受程度，如果發現吃完糙米後有軟便、拉肚子或便便裡面出現糙米的時候，須減少糙米用量，或者將糙米事先打碎、延長烹煮時間再給狗狗吃。

*註1：小麥基因改造以及造成過敏相關可參考「小麥的真相」以及「喬科維奇身心健康書」這兩本書。

● 不吃基因改造後的食物

無論狗狗或是主人，都不建議選擇基因改造後的食物。因為基因改造的食物不是天然的，身體不認識，本來是要提供能量的食物反而會耗費身體能量去處理。所以要吃，就選擇吃有能量的食物是比較好的，同時基因改造食物也是造成人和狗狗身體過敏的原因之一。

親手做營養均衡的鮮食料理給狗狗是最佳選擇，但是每一餐都煮給狗狗吃，可能不少主人會覺得工作已經很忙了，無法每餐處理。建議可以一次煮（切）好幾天的分量，分裝好小包裝放在冷凍庫，要吃的時候拿到常溫下等回溫後再吃。

不論是狗狗的食物或是主人自己吃的天然食材，都不建議用微波爐，因為微波爐會破壞食物的天然結構，很多營養成分會因此而流失。所以最好是將冷凍食物放在室溫下回溫，時間不夠的話也可以用電鍋或是烤箱回溫，但狗狗不能吃燙的食物，所以要注意溫度的控制。

● 和狗狗一起來杯蔬果汁吧！

不論是人或是狗狗，蔬果汁都可以快速的提供給身體好的能量與營養，尤其是身體虛弱時。

因為食材都被打碎了，會更容易被身體吸收。我個人就常常在早餐後打一大杯蔬果汁和我們家三隻狗狗一起喝，唯一要注意的是，蔬果汁最好在打完後五分鐘內喝完，不然營養成分會流失。

蔬果精力湯的做法

1、選擇當季蔬果十種，各式顏色蔬果，蔬菜80%，水果20%，以避免糖分過高。

2、依照個人喜好，可加入蜂蜜調味。

3、放入果汁機或食物料理機打一到三分鐘，上菜～

＊紅綠白黃紫橙黑等各種顏色蔬果，愈多愈好，這是蔬果汁的重點唷。因為各種顏色有各種不同的營養成分，各種顏色都來一點，一天的蔬果營養就會愈均衡，同時建議大家要用臺灣本地的野生蔬果，能量最好～

（7）

如果沒有時間，不會料理，或是我家沒有廚房怎麼辦？

「沒有時間、不會料理、我家沒有廚房……」相信很多人都有同樣的問題。不論是對狗狗或是人本身的健康，都建議各位最好把「早餐和晚餐家裡做」做為一個未來生活的目標，規劃出做菜的時間、購買食材的時間、上料理課、住進有廚房的房子。

人生，沒有比健康來得更重要更基礎的事情了，而**飲食絕對是健康的基礎**，甚至比運動的影響力來得還大。有了健康的身體為基礎，才有幸福。外食的食材來源和調味料、料理衛生等都很難比我們自己料理來得健康，人一旦不健康，什麼都會變黑暗，什麼都是零。況且在家做飯對自己、對狗狗都是很棒很美的時光。

若是現在還無法自己做飯給自己和狗狗吃的朋友，如何選擇較好的食物給狗狗呢？

● 建議一　可以挑選市場上現成的狗狗食物

首選本地料理的手作鮮食，要特別注意食材的來源品質，以人類食用等級無毒有機的食材為首選，雖然價格高，但未來可以省下醫藥費，優質的食材營養和能量較強，食用的分量也較為精省。

有些鮮食餐盒或餐包是工廠大量製作的，有些是少量手作，好吃程度上會有差別，但口感不是狗狗食用的重點，營養與食材的品質才是。購買鮮食

後，建議主人可以打開先用聞的，再吃吃看，若是聞起來味道香噴噴很鮮
美，就是不錯的鮮食。也建議主人試吃一些，若是吃起來美味，就是很好
的鮮食了，相反的若是發出怪味，吃起來覺得噁心、難以下嚥，這樣就不
是好的選擇，建議也不要給狗狗食用，久了一樣會生病。

● 建議二　可選用國外真空冷凍生食餐包，來當做狗狗主食

生食的概念來自模擬狗狗回歸原始飲食，市售生食有特別針對Baby狗狗、運動量較大的好動狗狗、懷孕或需要哺乳的狗媽媽、活動量減少的老狗狗，依照他們所需不同的營養比例去調配而成。

可是，由於生食是完全未經烹煮過的食物，最好快快解凍後立即給小狗們吃，好確保沒有受到細菌的感染。

其他像是人類食用等級的罐頭，人類食用等級的乾糧也都是替代性的主食。想想看，若是我們每天吃罐頭或是乾糧泡水，小段時間還好，久了身體營養必定失調，能量一定不足。選擇這些食品當成狗狗主食，務必要在假日有空時給狗狗吃些新鮮的蔬果肉類等，購買時也要特別注意這些產品的成分和產地，大多進口食品都是英文標示，更要特別注意進口商是否有清楚的中文標示，不要購買有防腐劑、成分、產地不明的產品。

如果還是覺得飼料比較適合自己的生活狀況，挑選主要成分以有機，純肉類（meal）較好。

選擇時特別注意避開狗狗有可能會過敏的食材，這些狗狗食品都要挑選用天然防腐劑（維生素E、維生素C）來保存的較佳，雖然飼料、餐包和罐頭的保存期限較長，還是要盡量保存在密閉容器中且盡早食用完畢。建議幫狗狗挑選市售不含Butylated hydroxyanisole（簡稱BHA）、Butylated hydroxytoluene（簡稱BHT）、Ethoxyquin這些人工防腐劑成分的商品，以免對狗狗的健康造成負擔。

無論是生食、飼料、餐包和罐頭都要特別注意是否含有會導致狗狗過敏的食材，主人可以觀察狗狗飲食後的反應，便便裡是否有未消化完的食物、是否有持續嘔吐、拉肚子的現象、是否變的口渴一直喝水、是否有皮膚搔癢的現象、是否有體重大幅增減的現象等等。可以的話去醫院做健康檢查，客觀了解是否已經有問題產生。

 POINT

1、營養不均衡的自製生食烹煮鮮食對狗狗傷害非常大。

2、蛋白質：澱粉：蔬果→1：1：1另外添加「好」油脂為原則。

3、一定要用心持續觀察狗狗飲食後的反應，慢慢調整到最適合你們家狗狗的飲食比例。

大家若是對自己的手作鮮食有營養比例上的疑慮，可以參考本書P.75頁的資訊，上Dr.ELLIE的紛絲團私訊詢問相關的問題，住在北部的朋友也可以帶狗狗去當面請教。

我愛你好好狗狗鮮食

因為自己很愛「我愛你學田」這家法國鄉村的料理，每星期幾乎都會去吃一頓，吃完後一定會在一樓買一星期要用的臺灣在地小農食材，這樣的幸福也想帶回家和我們家狗狗們分享，所以就厚著臉皮問餐廳的藍帶主廚是不是也可以幫狗狗研發烹煮鮮食？

一方面私心自己沒時間煮飯時可以熱來吃，一方面不想幫家裡的三隻大胃王下廚時，也有適合的即食餐點可以餵飽他們。

鮮蔬豬豬凍

選用活菌豬後腿肉、豬腳、豬耳朵與豬舌所烹調料理的豬豬凍，豐富的膠質與紅蘿蔔、西洋芹一起熬煮，吃得到無添加的自然風味。

葛瑪蘭黑豬香米飯

特別選用宜蘭葛瑪蘭豬後腿肉搭配狗狗可食用的新鮮香料，香噴噴的後腿肉滿滿鋪在無毒學田芋香米上。

時蔬燉紐西蘭牛

南瓜與牛肉的絕妙搭配，有豐富的膳食纖維與高蛋白營養，是一道有飽足感又不用擔心變胖的簡單美味好料理。

鮮蔬香烤櫻桃鴨

嚴選宜蘭豪野櫻桃鴨胸肉，豐富的
鴨油與細嫩鴨肉，搭配紅蘿蔔與西
洋芹的甘甜香脆口感，是道地法式
鄉村料理口味。

百里香番茄牛肉

香醇濃郁的番茄燉牛肉，搭配新鮮櫛瓜與甜椒一起慢火燉煮，散發
出食材天然的清甜，這是作者本「人」最愛吃的一道料理，時間不
夠的時候，慢火熱了之後，同時快煮一些義大利麵，直接淋在飯或
義大利麵上，加些鹽就是很棒的一餐，給狗狗吃的時候直接室溫餵
食就好囉～

我愛你學田藍帶主廚

柱子主廚介紹

曾赴法國學習廚藝，現任我愛你學田市集主廚。應邀跨刀創作狗狗也可以吃的料理小餐盒。

使用臺灣在地無毒農法天然食材、活菌豬、黑毛豬、宜蘭豪野鴨等在地好食材，搭配法式料理手法，創作出獨一無二，人和狗狗都能一起享用的好食料理。

持本書至我們好好，
即可享法國藍帶主廚──我愛你好好鮮食買一送一

獨家好康
台灣在地小農新鮮無毒蔬菜，使用活菌豬、格瑪蘭豬、宜蘭豪野鴨、紐西蘭草飼牛等頂級食材，法國藍帶主廚精心研發烹調而成的小鮮盒餐。

＊每書限兌換乙次，優惠不可合併使用，口味依現場販售為主。
＊我們好好：台北市民生社區新中街50號　Tel: 02-2766-0986

● 從飼料換成手作鮮食料理自然會出現的排毒反應

在轉換鮮食的時候，要循序漸進，原來的飼料和鮮食的比例要逐漸交換，直到狗狗沒有軟便、拉肚子的情形，就可以提高鮮食比例，進而完全轉換成鮮食。

轉換時期，可以用原本的主食和鮮食先混著吃，比例主食9：1開始，每兩天換一次比例成8：2～7：3，依此類推。

腸胃敏感的狗狗，以飼料或單吃肉食為主食的狗狗換成鮮食，都極有可能會引起嘔吐或拉肚子的狀況。要是吃了手作鮮食讓狗狗產生拉肚子的情形，但狗狗卻仍然很有活力、很有精神就沒有關係，這代表狗狗身體正在適應「新的食物」，不用過份擔心！

狗狗吃了鮮食有嘔吐、拉肚子的狀況，這些症狀是囤積在狗狗體內不好的東西排出來時，身體為了回復正常狀態而啟動的自然治癒力。是身體接觸到平常不常吃到的食物，一時之間反應不過來所產生的狀況，平常習慣的食物忽然之間被快速轉換，不論是消化酵素或腸道內的益菌們此時都接受到極大的挑戰，因此腸道快速蠕動、消化不良或嘔吐、拉肚子，為的是降低風險，要把身體視為入侵者的陌生食物給排出。

一般建議更換食物時必須循序漸進，讓消化道不要一下子面對那麼大的刺激，可以慢慢適應這樣的變化。另外，吐或拉如果持續太久，或是過於激烈、頻繁，要小心因為嘔吐、拉肚子造成水分流失或體內電解質不平衡、消化道臟器受損（例如胰臟炎）等等，嚴重可能會致命，建議還是要帶到醫院檢查，才能即時治癒失控的消化道症狀。

當然，花一段時間適應了鮮食之後，其實狗狗未來面對各種食物的變化會

比只吃單一食物的狗來得輕鬆，因為很多食物都是熟面孔了，慢慢的就比較不會碰到食物轉換期所造成的劇烈症狀。

有些狗狗需要持續食用鮮食約3~6個月後，症狀就會緩解。這些症狀一定會痊癒，需要耐心觀察，不過如果有發燒的狀況，就需要去醫院檢查，以免併發其它疾病。

● 換成鮮食可能出現的症狀
嘔吐、軟便、便便中出現消化不全的食物、拉肚子、皮膚搔癢、過敏發紅、掉毛、體臭、口臭、便祕、舔腳趾縫……

麻麻，
我好愛妳的手作鮮食～

Dr.ELLIE的訪談，狗狗和我一樣幸福

● 請問DR.ELLIE是何時開始接觸狗狗營養學的呢？是什麼原因讓妳開始接觸的？

Dr.ELLIE：其實每一位獸醫都會學到營養學，這是我們應該學習的基礎科目，大概是一學期的課程。只是我們上完營養學之後會覺得太過複雜、專業，應該交給專業的飼料公司。我們更專精的是協助主人挑選適合的飼料，而非把艱深的營養學結合到生活中。

我剛開始養米踢的時候，也被教育得很好，認為狗狗不能吃人的食物，只能吃飼料。當時我是獸醫系學生，所以很遵守這個信條。我每次吃飯時，米踢都在旁邊看著我，有次因為捨不得他一直看著我獨自享用他不能吃的食物，我給米踢吃了一小塊蘋果，才想到營養學課程中似乎曾有老師提到狗不能吃太多蘋果，那時我非常的緊張。直到隔天，連續觀察他的排便、排尿、呼吸和心跳，都沒有不良反應，才驚覺自己似乎對生活中最簡單的營養學知識的認識不夠多。

後來我開始想，為什麼狗不能吃人的食物？難道他們就只能一直吃那些乾乾硬硬加工過的東西嗎？

記得剛開始養米踢時還是餵飼料，每一個牌子的飼料我都會拿來吃吃看，看好不好吃、確定沒有問題才會給他吃，不瞞大家說，我是那種極近瘋狂的主人。但吃到後來，我漸漸覺得，如果要我一輩子都吃這些乾乾的、一顆一顆的東西，那我的人生是不是太沒樂趣了？我若是因為對狗狗認識不夠而不敢給他吃新鮮食物，那我就去認識、去學習。當我知道他需要什麼，我就可以放心的給他吃。飼料也是人的食物做成的，我只是把成分拆開換成新鮮的給他，那是不是也是一樣的道理？後來因此研究了很多國外的相關書籍，新鮮的食物對狗狗是最好的，讓自製的家庭料理也能做到像飼料大廠出的配方一樣營養均衡、完善。

● 接觸獸醫與營養學，對妳個人有什麼幫助或改變？

Dr.ELLIE：接觸營養學對米踢的生活來說改變還滿大的，我自己會開始在意這個食物能帶給米踢什麼營養？而不再只是以方便、好吃為主。米踢也變得更快樂，挑食的他開始會期待每一餐，然後快速的吃光光。我對於狗狗很嚴格，狗狗的食物我都會計算營養比例。和狗狗一起分享食物是非常快樂的。

但對我個人的飲食改變倒是比較小，因為我對自己的飲食控管反倒沒有對米踢來得嚴格（笑）。不過倒是幫助了不少我的病患狗狗，印象最深刻的是有對老夫婦常帶他們的柴犬來看診，這隻狗狗的皮膚粗糙，有很多皮屑，看了很久都沒有好。我很納悶到底為什麼？因為皮屑的關係，所以我們一直嘗試洗劑和抗黴菌的藥。偶然聊天才得知，原來他們長期以水煮方

式烹飪狗狗的食物，卻沒有適量補充油脂。我才瞭解到，原來營養這件事情是多麼細微、多麼容易被忽略。我告訴他們要替狗狗增加油脂攝取。一個月內，他的皮膚問題改善了非常多，毛也都長出來了，而且是亮麗、有光澤的。這件事情我滿驕傲的，所以我還一直留著那隻狗狗的照片。

其實網路上很多以訛傳訛的消息都說狗狗只能吃水煮的食物，忽略了三大營養素中的油脂，油脂是不可或缺的營養素。也要更正網路上的謠言，狗狗其實也是需要鹽的，只是要依照體型適量給予。

會想深入研究營養學這些事情，主要是因為大家一直以來都認為狗狗就是應該要吃飼料。奇怪的是，他和我們一樣都是動物，為什麼他只能吃加工過乾硬的飼料？現代人愈來愈追求自然的生活，我認為狗狗也應該要跟我們一樣。

接觸營養學以後顛覆了我以前對於狗狗飲食的想像，開始研究後才發現狗狗和我們還是不同，狗狗是肉食動物，不像靈長類的我們是雜食，對於纖維和維生素的需求還是和人類不同，所以給狗狗吃蔬菜水果的時候要儘量切小一些，打成蔬果汁也很好，不過要注意處理過程中的營養流失。

● 您的粉絲頁常看到分享鮮食的做法與概念，有沒有什麼心得可以與大家分享呢？

Dr.ELLIE：做鮮食是我的興趣，不論是在臨床或是研究記錄鮮食的成果幫助狗狗獲得更好的照護，其實醫生處方食品不一定只能是乾燥飼料，也可以用新鮮食物製作。對餵食鮮食的狗狗來說，比較容易忽略的是磷和鈣的比例。鈣和磷的比例建議是1：1～1.8：1，但因為天然食物中磷的含量多於鈣，若是磷的攝取高於鈣太多，可能會出現甲狀腺的問題，這是比較需要

注意的地方。另外像是油脂類，狗狗比人更需要動物性的油脂，魚油對狗狗來說很好。補充魚油的同時，維生素也需要攝取，否則脂肪和肝臟會容易出現病變。有些市售魚油有添加維生素E，也是因為需要和油脂平衡。而狗狗每日熱量的攝取，我會給一個建議的量，但還是要依照每隻狗狗不同的生活習慣，例如他很好動或很少出門，都需要主人去做適當的調整。

● 從獸醫及營養學角度，對於一般人在家做鮮食有沒有什麼建議呢？

Dr.ELLIE：做鮮食的建議，就是營養的比例一定要掌握好，比例要正確。現在做鮮食給狗狗吃的主人愈來愈多，卻常忽略了最重要的一件事，那就是鮮食一定要「均衡攝取」才行。在醫院聽過很多主人都曾經嘗試要給狗狗吃鮮食，但一碰到狗狗拉肚子就會退縮，有的醫生會告訴主人那就不要吃鮮食，這隻狗從此就喪失了吃鮮食的權力。其實這樣是不對的，應該要以漸進的方式幫狗狗換成鮮食。吃鮮食的撞牆期就像我們出國會水土不服一樣，因為腸道還不是很能適應新的食物。

馮云：之前漸進換鮮食，我們家的咪咪狗還是會拉肚子耶！

Dr.ELLIE：那妳有十分之一漸進換嗎？

馮云：應該沒有，不過我認為狗狗拉肚子是在排毒，雖然拉肚子，不過精神和食慾都很好，又很有活力。

Dr.ELLIE：其實輕微軟便但精神食慾維持正常還可以小心調整、再觀察就好，看來妳是心臟比較強的主人。

馮云：醫生在建議狗狗主人們做鮮食上，有沒有遇到什麼困難？像我身邊的朋友就常說沒有時間可以做鮮食料理，自己都不會做給自己吃了，更不用說狗狗⋯⋯

Dr.ELLIE：沒有時間的確是最大的阻力。或是鮮食做好了，但營養補充品卻不見得會加，這時我就會覺得滿挫敗的，因為我很在意那些微量的礦物質、維生素。

馮云：可能會搞不清楚要加哪些維生素，是不是可以帶狗狗去掛妳的獸醫門診，給妳看狗狗吃的鮮食菜單，然後請醫生建議營養補充品呢？

Dr.ELLIE：當然可以啊！我非常喜歡幫狗狗分析營養與熱量，這是我個人特愛的興趣：）

Dr.ELLIE介紹

目前是小動物臨床醫師，日本寵物營養學會與美國獸醫營養協會會員，更重要的角色是一隻瑪爾濟斯的御用主廚。因為熱愛生活與美食，六年前開始了與寶貝米踢的自製鮮食之旅，堅持透過科學的營養分析，讓狗貓都能藉由新鮮食物獲得最適當的營養。目前致力於結合臨床工作與獸醫營養學，並藉由講座、部落格分享經驗，希望將健康自然的飲食風氣融入臺灣寵物的生活中。

粉絲專頁：Dr. Ellie
https://www.facebook.com/
AmimisTable.co/

Dr.ELLIE的特別小叮嚀：營養成分和營養添加的必要！

狗狗是以肉食為主的動物，所以對肉的攝取是一定要夠的，但其實肉裡的磷含量還滿高的，對狗狗來說，磷和鈣一定要維持在一個平衡的狀態。如果狗狗的飲食無法達到鈣磷至少1:1的狀態，長期下來對甲狀腺和牙齒、骨骼都不好，所以需額外補充鈣，鈣的攝取可以買現成的鈣粉，或從磨碎的蛋殼中得到，不過給狗狗食用蛋殼要注意盡量磨細，否則狗狗食用時容易受傷，若能再加上檸檬酸，對鈣消化吸收會更好！

而維生素Ｃ也是重要的營養素，Ｃ屬水溶性維生素，容易流失。因此狗狗可以多多補充維生素Ｃ，這種天然抗氧化劑對老狗來說也很重要！

Part 3

狗狗沒有對與錯，
只有不了解
狗狗心事的主人

① 狗狗沒有對與錯，只有不了解狗狗心事的主人

養馮咪咪狗的頭幾年，我和一般主人一樣，以為愛他卻常會在路上對亂吃路上東西的他亂打一通；或是當他忍不住大小便在家裡的時候教訓他；帶他在路上散步，因為怕髒，全力拉住他的頸圈禁止他東聞西聞……他三歲因為白內障開刀失敗雙眼失明後，從此不敢讓他和其他狗接觸，怕他被咬傷，讓他每每在路上聽到別的狗的聲音時就開始失控大吼大叫……一直到一個下著雨的晚上，下班回家我牽他走過斑馬線時，因為對面有隻掛著鈴鐺的狗經過，他開始抓狂亂叫，我抓不住他，整個人被拖到大馬路中間，當時是紅燈，車來車往的，還好我兩命大都沒被車子撞倒，我才驚覺自己應該要送他去好好的訓練上課學乖巧才行。

輾轉經過介紹，找到了熊爸來幫咪咪一對一上課，才認知到原來迫切要上課的人其實是我，不是咪咪狗！是因為我們不懂得狗狗心理的需要以及語言，才會造成他變成壞狗的狀況。

② 狗狗你在說什麼？

我和咪咪上了熊爸八堂一對一的私塾教練課，最後兩堂是和我的Mr.Right
盧魚先生一起上的，他有一隻四歲的米克斯狗愛麗絲，和當年眼睛看不
見，完全無法和別的狗相處的七歲馮咪咪狗即將要一起生活，所以需要熊
爸來幫忙。

我學到了不少一直很有用，也一直都用得到的狗狗相關心理與行為知識，以下幾點是我覺得最核心也最有感的：

1、每天一定都要散步兩到三次以上才行。

2、散步時的重點不是尿尿便便，而是要讓狗狗盡情地「到處聞」，因為到處聞對狗狗來說是釋放壓力很重要的行為（這個我聽到時非常驚訝……）也要記得選擇乾淨安全的環境，避免狗狗吃到不好的東西。

3、當狗狗受到刺激而暴衝時，不要拖拉他，主人要盡量轉移狗狗的注意力，慢慢的自然離開現場，等狗狗自己冷靜下來（或是叫累了）就可以，不要去硬扯他，硬扯或是大聲喝斥狗狗只會助長他更火爆。（這個其實很像人類的心理學，當朋友或是自己火爆時，最好的方法就是和他一起呼吸，安靜的等待情緒過去）。

4、不要罵狗，當狗狗亂尿尿或一直吠叫的時候，要去瞭解原因，對的時候獎勵，做錯的時候忽略不理他，不要在狗狗做錯時還讚美他。站在狗狗的立場，通常狗狗亂尿尿都是因為忍不住，而不是故意要給主人製造麻煩的。主人不理會狗狗，不看他的眼睛對狗狗來說就是很大的逞罰了，所以不用再大聲罵他，對自己對狗狗都是負面的溝通。

5、狗狗站起來要抱你的時候，要讓狗狗懂得什麼是禮貌。等狗狗安靜或做得好的時候可以適時抱他，而且是安靜的抱，不是激動猛撲的抱。狗狗

年紀大時，對他的身體也容易造成傷害。

6、一天至少要挪出二十分鐘陪狗狗玩耍。如果是一歲以前的幼犬，玩耍的時間建議要更密集，一方面培養感情，一方面讓狗狗聽你說話。

7、狗狗最好有自己的小房間，要休息時就讓狗狗進房間。房間長度和身體一樣長，兩倍寬，高比狗狗站著時高一點點就好，這樣的房間讓狗狗有安全感，也能夠好好的休息。不然狗狗天性顧家，隨時要顧主人的房子，那麼大，一有風吹草動就會警戒，時間一長壓力自然會變大，不乖、生病、愛叫……一堆問題都來了。

十堂課二十個小時學到的當然不只這些，除了實作練習還有不少和訓練與餵食相關的相處技巧，建議大家可以參考前一陣子熊爸出的書《熊爸教你了解狗狗心事》。書的內容和上課的內容相近，看熊爸的書就像是又再一次複習當年的私塾課程，推薦狗狗主人可以買來參考，好好閱讀了解狗狗的需要～從小給狗狗好的照顧與教育。

最常聽到主人表示，我家的狗很乖很可愛，
但就是會亂叫、亂大小便、破壞、爆衝、咬人撲人……
可是真的很乖很可愛，
從這裡可以知道現在的飼主很愛家裡的毛孩子，
但就是會有那麼一點點的問題，
我們到底該怎麼教育狗狗呢？
跟著熊爸一起追求主人與狗狗的幸福吧！

熊爸告訴你狗狗在說什麼？

 1、狗狗在家裡上廁所比較幸福，還是在外面呢？

熊爸： 狗狗的習性是在戶外且離生活圈愈遠愈好的地方上廁所，也不會在固定的地點。所以順從本性的話，狗狗在戶外上廁所會是比較幸福的。

若加入主人的種種因素，例如主人不見得有空或狗狗突然想上廁所，那家裡也要有讓狗狗上廁所的地方。這時就要透過訓練，狗狗才會在家裡固定的地方上廁所

但如果可以選擇，狗狗都會到戶外上廁所。

那為什麼有些狗狗不會在戶外上廁所呢？通常是因為情緒的問題影響的，像是興奮、緊張、沒有辦法放鬆，所以才不會在戶外上廁所。

我常說不會在戶外上廁所的狗狗，就像是不會散步不會放鬆的狗狗，不會放鬆就會引發一些身體心理上的問題。狗狗若是憋到家裡才上廁所，那如果今天我們帶狗狗出遠門該怎麼辦？不就會憋出病來了。

馮云：可是我們珍妮佛狗在都市裡都不愛上廁所，一定要到草地才上，不過很愛在森林上廁所。

熊爸： 那就是這些地方讓狗狗很放鬆，都市馬路上有太多因素會讓狗狗緊張，像人或車等。能在外面放鬆散步的狗狗，一出去就會很快的尿尿，哪怕只有上一點點，也可以讓狗狗感到放鬆。上廁所這件事對狗狗來說是舒服、舒壓的行為。如果主人問我：「我要教會狗狗在家裡上廁所嗎？」若你的狗狗已經習慣或喜歡在戶外上廁所的話，我會說不要，對人對狗都太辛苦了，就算教得會也不要教。 如果今天可以在家上，狗狗也會習慣憋到主人帶出去才上，小型犬也是。而且若能趁上廁所這個機會到外面走走也好。但如果你的狗狗從小就在家上廁所，我們就要教會他如何好好的在家裡上廁所，依照狗狗先天的本性來做這樣的事情。

若一天只帶狗狗出去兩次，一次至少要半小時。若是三次以上，那一次十分鐘就可以，出去散步的次數對狗狗來說，比一次出去玩的時間來得更加重要！

牧羊犬類像邊境、喜樂蒂、柯基等建議一天能出去四到五次以上最好，玩賞犬類如貴賓、雪納瑞一天三次以上就夠了。獵犬類的，比如說米格魯、臘腸、柴犬，雖然體型看起來像玩賞犬，但他們內在有獵犬的心臟，這種犬類散步的次數也要盡量拉高比較好。

散步不用走多遠，如果是下雨，就出去看看雨，多跟這個世界有互動才會

健康。如果是長大後才領養的狗狗，通常都無法訓練在家上廁所，這是正常的，因為他們已經習慣在外面上廁所了，像我的狗狗就一定要去外面才會上廁所，不管下雨颱風都一樣，之前我們家熊熊狗曾經有二十八個小時沒上過廁所，當時台北市淹大水無法出門，我帶他去家裡的廁所他都不上，陽台頂樓也不上，一直等到水退了出去才上廁所⋯⋯

馮云：像我家咪咪狗有時會突然在家裡亂尿尿怎麼辦？

熊爸：基本上，狗狗忍不住的機率很小，通常是出門時間或次數不夠，心情不好。

不管大狗小狗的大小便其實都能憋十二小時以上不算困難，除非你天天都超過十二小時才帶狗狗出門。

馮云：所以狗狗在家亂上廁所就是告訴主人他很煩嗎？

熊爸：狗狗絕對不會是故意的，那代表狗狗在找事情做，抒發壓力。

狗狗抒發壓力的方法有五種：

一、亂叫

二、大小便

三、破壞

四、挖洞

以上這四種是比較常見的，再嚴重就會開始自殘、咬自己的毛，甚至攻擊或咬人。而這些問題通常都是欠缺休閒活動或是散步次數不夠所引起的，我常用大籠子跟小籠子來比喻，家再大，對狗狗來說都只是大籠子。

2、狗狗從小就和主人一起睡，
現在硬拆開單獨睡自己的房間會幸福嗎？

熊爸：狗其實是穴居動物，他們喜歡在洞穴中，黑黑、暗暗、不用太大，比較有安全感。所以很多狗狗剛帶回家時，都會躲在桌子或是床底、櫃子，甚至家裡的角落。現在很多人都說狗是睡在床上的動物，因為人喜歡狗跟自己睡，當然狗也想跟主人更親近一點。其實睡在床上對狗狗來說是非常不舒服的，人的床對狗來說太過悶熱，人的皮膚會呼吸，但狗狗的皮膚不會。狗狗躺在床上愈來愈熱，所以他會一直換位置睡，再嚴重一點就是在床上一直抓一直抓，讓自己涼快。

馮云：所以狗狗在床上一直挖就是要讓自己涼快一點？

熊爸：可能是在做自己的窩，讓自己舒服、涼快一點。甚至一個晚上跳下去又跳上來，因為太悶熱。但對狗狗來說，他又覺得自己應該要跟主人一起睡，因為主人把他帶上床了。很多主人會說我家的狗都會跟我一起睡，

還蓋棉被。但這些都是主人無意間訓練出來的。

狗狗和主人一起睡，對人來說最大的考量是衛生問題，畢竟狗狗身體所帶的細菌數量總是比較高，若主人的免疫系統比較差的話，可能會有皮膚的問題，或是健康的考量。再來就是某些狗種的個性比較強悍、有區域保護性，那這種狗就不建議上床和主人一起睡。我有遇過不少主人會在睡夢中被狗咬，主人只是因為翻個身不小心踹到或踢到狗狗，就被咬，而且很多案例被咬得很嚴重，半夜去掛急診的大有人在。有個案例是女主人跨過狗狗要起床上廁所，就被狗狗咬到臉，留下很大一塊疤痕。

當然也不是每隻狗狗都這麼兇，如果是有區域保護性的狗狗，就不要讓狗狗上床睡，我之前有一個學生的狗狗，是媽媽可以上床睡，但爸爸不行，這樣也是不對的。

如果說你的狗跳上跳下、挖來挖去主人都不會介意，主人的健康也沒問題，那至於主人和狗狗一起睡是不是真的幸福？主人跟狗狗心裡覺得幸福就好。

以狗狗行為學上來說，還要考量到如果主人出遠門，送狗狗去旅館或親戚家，沒有主人在身邊狗狗就無法睡覺，怎麼辦？很多狗狗因為跟主人睡習慣後，就無法自己睡了。

還是建議狗狗要有自己安全的休息環境，狗屋、狗窩，主人玩到哪都可以帶著，環境要通風良好。

馮云：該怎麼挑選狗狗的睡墊呢？

熊爸：為什麼說有些狗狗喜歡睡床？因為狗狗喜歡軟軟的東西，睡在軟軟的東西上面很舒服。但我們的床又太不透氣，如果主人可以解決這個問

題，軟軟的、通風、 透氣、家中又開冷氣，那狗狗就能睡在墊子上。很多狗狗會把床咬得亂七八糟，其實跟無聊有關係，狗狗睡在床上覺得太無聊，只好就近開始把床咬爛。

如果可以的話就帶狗狗自己來挑選自己的床墊，軟之外還要透氣。

至於狗狗會怎麼挑選睡墊，跟品牌和價錢一點關係也沒有，主人很難知道狗狗到底喜歡哪一種，如果家裡只有一塊墊子，那狗狗也沒得挑。

提醒大家，狗狗的睡眠一天至少十六個小時，所以最好有自己的空間和位置，這樣狗狗才能好好休息。

馮云：我們家有特別幫狗狗們做房間，但珍妮佛狗不喜歡自己的房間，卻喜歡咪咪狗的，是因為太小嗎？

熊爸：不是不喜歡，因為狗狗會爭搶地盤，也許是位置比較好。一般靠近

每隻狗狗能有自己的房間是最好不過了～

門邊的，是地位比較高的位置。但不能地位高的被關在裡面，地位低的在外頭晃來晃去。

所以家裡若有兩隻以上的狗，最好有各自的空間，不要關在一起。

 3、狗狗習慣自己睡小房間了，但在早上6：30左右就會瘋狂大叫是表示什麼意思？

熊爸：我沒有實際聽到狗狗的叫聲，但如果這樣形容，狗狗是在叫你們起床，要你們理他。這時就要想主人是不是都在這個時候起床？那狗狗就會跟鬧鐘一樣準確，在這個時候叫主人起床。

馮云：狗這麼神奇？他自己有一個時間表？

熊爸：不只是神奇而已，而是準到不能再準。

狗狗不只有二十四小時的時間概念，他還有一星期的時間，甚至是一個月的行程。比如說我每星期二要到學生家幫狗狗上課，人還沒到，狗狗已經在門口等我了。如果主人是學生的話，狗狗會知道主人今天的課表是什麼，要穿運動服還是制服？這些其實都是狗狗日積月累觀察出來的，主人要記得一件事，狗狗每天都在觀察主人的行為。

我常開玩笑說，你上廁所是用哪隻手擦屁股？你可能還要想一下，但狗都知道。你的習慣和動作、穿哪一件外套、出門先拿鑰匙還是錢包，狗狗都知道，甚至用聞的也知道。通常時間概念很強的狗，是因為主人的作息很正常，我教過最有時間概念的狗，通常主人都是老師和公務員這兩個職業。比如說今天主人六點起床，狗狗可能五點就開始焦慮，情緒如果承受

不了，就會開始吠叫來抒發壓力。

狗狗一開始的吠叫可能並不是叫主人起床。但狗狗一叫主人就起床，狗狗就會學習到吠叫可以讓主人起床。我舉個例子，之前有個學生很可愛，他的狗在半夜兩三點會開始不停的叫，主人以為狗狗是肚子餓，就給他東西吃，吃完狗狗才睡。主人沒有一天是一覺到天亮的，每天半夜都要起床餵狗狗吃飯，後來狗狗叫的時間愈來愈早，從兩點到一點，再到十二點，最後是一關燈狗狗就叫，但其實狗狗根本不是肚子餓，狗狗肚子一整天都在餓，給狗狗吃東西他什麼時候不吃了？狗狗其實只是想叫主人起床，但主人常常因為很疼狗狗，幫狗狗找各種理由，是不是肚子餓？是不是想上廁所？其實只是在叫主人起床。

這時候有兩個方法可以應對：第一個方法是死都不起來，第二個方法是起床，但去做別的事情，尿尿看書或看電視，就是不要去看狗狗，這會讓狗狗覺得，他一叫主人起床，主人也只是尿尿或看電視，那我幹嘛要叫主人起床？因為結果改變，而源頭就會改變。

針對這個問題還有一些事情可以有幫助，那就是吃飯時間不要固定、吃飯位置不要固定、散步時間不要

固定、每天跟狗狗活動的時間也不要固定。 不管人或狗，當我們作息正常的時候，很容易會受到環境的影響。很多主人下班都趕著回家，因為狗狗在家裡等主人，主人很擔心，你的狗也一樣擔心。當狗狗知道沒什麼好等，反正主人每天都會帶我散步和吃飯。狗狗沒有這麼大的期待，就不會有失落

主人時間太固定，狗狗心裡的彈性就會很小，主人粗線條一點，狗狗的彈性就會大一點，吃飯也是，如果一天兩餐，早餐就在中午十二點之前，晚餐在六點之後。不要準時，也不要在固定的地方吃飯。戶外吃飯也可以，我們總會帶狗狗出去，狗狗也要學會在外面吃飯。

有一次我要餵我的狗狗吃飯之前，我的狗居然跳起來，但我平常時間都是不固定的，我就開始觀察他怎麼可能這麼厲害，知道我心裡在想什麼？後來發現很簡單，是我從房間出來的時候，眼睛看著飼料桶，他們就知道主人要餵他們吃飯了，某一次我出來準備要餵狗狗吃飯，狗狗們又跳起來，為了不能被他們知道，我就坐下去看電視（笑）。

從這些小問題就能知道，主人的生活習慣太過固定，狗狗的抗壓性就會比較差，彈性比較小，所以改掉固定時間的習慣，狗狗早上固定像鬧鐘一樣叫的狀況就會有所改善。

 4、養狗的主人要上狗狗行為課，才能給狗狗幸福嗎？

熊爸：所謂給狗狗幸福，通常和主人所想的差別很大。我們現在都很疼狗，幾乎把狗狗當孩子，所以大家才會叫我熊爸，我也會覺得自己就是狗的爸爸。

但真實的情況是：狗狗是狗，不是人。

所以如果我們用人的方式幫狗狗思考，給狗狗我們人類自認的幸福，是無法讓狗狗得到真正的幸福的。

不說狗，說小孩好了，父母拚老命賺錢希望能給小孩過好的生活，小孩會懂嗎？如果小孩懂得表達，他可能會跟父母說你們可不可以少賺一點錢，多陪我一點好不好？人去上課主要是要了解狗的行為跟需要，而且每一隻狗狗個性都不一樣，主人去了解狗狗後，才能夠給他真正需要的。

這時候才可以說，我們給狗狗幸福，否則我們給他的都只是主人想像的。

我常聽到主人說，我給他吃好用好住好，他居然這樣對我？但狗狗不會講話，無法表達這些其實都不是他要的。狗狗可能只是想要主人帶他去散步，但主人卻怕狗狗會弄髒身體。

我強調一點，訓練沒有對錯，只要狗狗跟人都開心就好。但重點是我們要知道狗狗的需要，這也是一個科學。 動物行為的科學已經如此普及，多學一點就知道狗狗的肢體語言代表什麼意思。狗狗現在是焦慮？緊張？還是不舒服？這很重要，因為狗狗不會講話。

一般來說人活得一定比狗長，我們的一生不可能只有一隻狗，以後再養第二隻第三隻，都沒有問題。很多主人自認為把狗教得很好，其實不是，是因為狗天生就很聰明。我們說狗是為人而生，會從錯誤中去學習。但不能因為這樣，主人就放棄了解狗狗，反而更應該去了解狗狗，而不是讓狗狗單方面付出，知道主人要幹嘛，努力配合主人，我們卻從來都不曾暸解狗狗的需要。

上課還有很重要的一個用意，是要教會狗狗禮貌，因為我們把狗從野外帶進家裡。講明白一點，就是狗狗要有家教才行。

我認識一位養了九隻狗的飼主，他把每隻狗都教得很好。主人對任何事情都很嚴格，他覺得狗聞人的屁股是很沒禮貌的行為，所以主人就教會他們出去不可以亂聞人的屁股。這沒什麼不對，只要不是用處罰打罵的方式就好。但他的狗出來就是很有禮貌，大家看了都很喜歡。

 5、平常溫順的小狗，一出門或有朋友來家裡就瘋狂地亂叫該怎麼辦？

熊爸：這就是我們提到的社會化不足，簡單說就是適應環境的能力不好。狗狗的彈性比較小。再說簡單一點，就是接觸外界環境的刺激太少，見過的世面太少。但這部分就要追究到狗狗出生後四個月內，社會化訓練在這四個月是黃金時期，在這四個月內，狗狗需要每天去不同地方、接觸不同的事、聽不同的聲音、看不同的人和動物。這個地球上全部會發生的事情都接觸過了，那就不會有這樣的問題。

馮云：但我有聽過醫生說狗狗兩三個月大前不要出門

熊爸：先不談醫生說的，光是要帶這麼小的狗狗出門就很難了，但主人做的愈多，狗就愈好，我的狗當初也是這樣帶出去，我的狗跟所有的狗狗都很好，但十幾年前還不流行短鼻子的狗，所以他一看到法鬥就抓狂，像看到豬一樣想要獵殺他，把我學生的法鬥叼起來甩出去……因為他沒看過法鬥，不知道他也是狗。

問題來了，醫生說預防針沒打完不能出去，通常打完預防針就四個月以上了，之後再怎樣出去社會化都來不及了，也就是沒救了。那你說我家狗狗

狗狗在四個月之前，若能多出去社交就多出去

現在該怎麼辦？所謂沒救是說當然不能和四個月前就有出門的狗相提並論，但是，我們還是可以幫助他，從現在開始每天都帶狗狗出門散步三次以上，至少可以維持一個不錯的狀態，雖然你的狗還是會叫，但不是瘋狂的叫。也還要看後面訓練的程度，但這訓練變成是一輩子的事情。

馮云：那醫生說的怎麼辦？

熊爸：當然醫生有醫生的立場，但以行為上來說，如果是幼犬，最晚三個月或第二劑打完後一定要出門。四個月就停止社會化，所以四個月之前一定要帶他出去。出去不是跟其他的狗混在一起，而是接觸、看看外面的世界，與世界有所互動。如果是成犬，那就要多散步，因為看過的事情還不夠多。

 6、狗狗結紮以行為來說，真的對他們比較幸福嗎？

熊爸：以母狗來說，結不結紮對於他的行為不會有太多影響。若在生理上以數據來說，母狗結紮會活得比較久。如果不結紮，可能會因為生理期不舒服，所以情緒比較不好，或是有假懷孕的狀況出現。但如果你家狗狗都沒有這些問題，結不結紮其實影響不大。

公狗的話影響就很大，數據上來說不結紮的公狗，攻擊行為問題是結紮的公狗的三倍。五公里的範圍內如果有母狗發情，那這隻公狗就會知道，也許會開始不吃不喝、想要離家出走、騎娃娃、騎主人的腳發洩……這就是行為的關係。如果有攻擊行為的公狗，我會建議結紮。

咪咪狗生理期第一次穿生理褲

如果你的狗不論性別，以行為來說都沒有這些問題，那結不結紮都沒有太大影響。但這還有些爭議，我個人會建議結紮是因為臺灣環境的關係，如果我們的環境跟歐美一樣又大又開放，那當然不用。我不會跟主人說，一定要或不要結紮，但如果你的狗有攻擊、焦慮的問題、離家出走、騎乘、到處找別的狗吵架、尿尿抬腳作記號，我會建議結紮。

 7、熊爸個人建議狗狗如何找醫生才會比較幸福？

熊爸：我建議一個狗家庭至少要有三個獸醫，第一個是24小時的獸醫院；第二個是狗狗認為的壞醫生，專門打預防針，因為狗狗討厭打針；第三個

是狗狗認為的好朋友醫生，做一般例行檢查。最少三個，其實三個還不夠多。尤其現在科別又分得很細，皮膚科、骨科、眼科、心臟科等。

馮云：那你對狗狗中醫有什麼看法嗎？
熊爸： 狗狗中醫是最近比較受到討論的醫療，我沒有辦法很確定到底如何。但我自己本身是吃中藥，中藥確實是比較溫和、不傷身體。如果是對症下藥、能幫助好轉的，基本上我就覺得不錯。但急性受傷等問題，還是需要西醫的協助。

 8、關於狗狗吃的食物，熊爸個人的幸福建議是？

熊爸： 人跟狗的關係是這樣，如果狗開心一點，主人可能就會辛苦一點；狗狗辛苦一點，那主人就會開心一點。主人覺得沒問題不辛苦，願意自己做鮮食，每天幫狗狗煮不一樣的菜色，那是最好的，但有些狗狗不能吃的食材還是要避免，如果真的沒辦法，那就只能吃乾飼料，雖然飼料的成分品質和價錢有關，但飼料還是飼料，是加工過的食物。

吃這件事，我只有一點要跟大家說，就是不要養成狗狗挑食的習慣。

狗吃東西跟意識有關，他的味覺比意識來得遲鈍，明明這個東西很難吃，他覺得好吃就是好吃，狗狗腦袋的意識很強烈，我們讓狗狗吃飯，也是培養他對食物的慾望和意識。

說明白一點，吃的意識就是生存的意識。

我的狗最近都相繼走了，最年輕的兩隻都十五歲，老的快要十八歲。第一隻狗早上不吃飯，我就有準備，結果晚上就離開了；另外兩隻都是下午不

吃飯，隔天早上就走了。

狗狗不吃就不要勉強他，我說這是一個生存的意識，為什麼？之前我的熊熊狗長腫瘤，病得很嚴重，去醫院開刀，醫生跟我說熊熊剩兩個月生命，結果最後他活了九個月，我們大家都嚇一跳。而且他一開完刀，明明很痛，還跟醫生要東西吃，這就表示他有想要活下去的意識。

他今天吃東西，等於是在養明天的生命，如果身體已經沒辦法儲存能量了，真的不舒服沒辦法吃，就是要離開這個世界了。

所以吃很重要，是判斷狗狗身體舒不舒服、心情好不好最大的標準。有的狗狗拿食物給他卻不吃，主人還以為狗狗耍個性心情不好。事實上，說不定狗狗已經病得很嚴重了主人還不知道。

吃飯第一個是態度、生存的意識，第二個是健康，請避免狗狗挑食。

 9、熊爸對於狗狗的離開有什麼看法？

熊爸： 其實養狗這件事，我常說是一種精神的延續，不光只是狗，甚至是我們人。我會做訓練師這份工作，跟我的狗，熊熊有關係。我第一隻熊熊兩歲就走了，而這個打擊讓我決定，我要把第二隻熊熊好好教好，第一隻其實也很乖，但是因為一場意外，讓我來不及教會他。

第二隻也叫熊熊的原因，是提醒我自己不能再犯同樣的錯誤，所以我要好好的學習，大家會叫我熊爸，是因為我為了熊熊開始去學習，到現在當了老師，所以大家叫我熊爸。

熊熊雖然走了，但我覺得這個精神需要繼續延續下去，不管是下一隻狗，或是我下一個學生的狗。

今天因為你的第一隻狗狗走了就斷掉了你的愛，這個精神無法延續下去，就有另一隻狗狗少了一個遇見好主人的機會，少了一份愛，人和狗的精神都無法延續下去，今天你的狗狗走了，情緒平靜之後我建議你要延續這份精神，如果你愛狗的話。

除非因為工作或生活真的很忙碌，包括我自己。我的三隻狗最近陸續走了之後，我沒有再養，不是因為我情緒過不去，而是因為現在的工作狀況太忙碌，又要照顧小孩。可是我不會因為這樣就不養，不養的話，第一，少了一個愛狗的人；第二，熊熊的精神沒有辦法延續下去。

馮云：狗狗走了，主人的心情一定會受影響，有沒有什麼方法克服？

熊爸：基本上狗狗離開這件事，每個人都該有心理準備，因為狗狗生命本來就活得比人還要短，這是事實。

但最難克服的是習慣。

什麼是習慣？我每天回家，第一件事情就是看狗狗，我的狗走了的時候，我沒有掉眼淚，但我每天回家一開門，就覺得心酸，因為習慣改變了。就習慣的部分，如果你想要調適，那就是培養新的習慣，可以做些別的事情，甚至再養一隻狗，馬上新的習慣就出來了。

當然不是說再養一隻狗是為了平復心情，而是為了把這份心延續下去。

我的三隻狗都火化了，骨灰也都裝起來，當初說要帶去樹葬或海葬，但到現在還是放在家裡，因為捨不得。

馮云：狗狗走的時候會希望主人陪在身邊嗎？

熊爸：以前的狗都是自己默默離開，因為大家以前養狗門都開開的，狗狗

如果覺得不舒服，自己會去找比較舒服的地方準備。但現在因為主人都很疼狗，所以大部份的主人都會陪著。

就像我之前提到過，吃飯是一個很重要的指標。狗如果還想存活就會去吃飯，如果真的狀況不好不舒服就不吃了。我那隻十八歲的狗曾經有兩度不吃飯，但我還是選擇灌食跟打營養針，因為我知道他是不舒服，而不是想走了，他想活下去的精神還在，那我就幫他。

其實生命就是這樣。

很幸運能有機會上到熊爸的狗狗行為訓練課，讓我們了解人和狗狗的想法有多麼的不同。懂了彼此間的差異，才能給狗狗真正的幸福。

熊爸來了

動物行為訓練師熊爸，本名王昱智，擁有二十年訓犬經驗以及多項國際訓犬認證，二十年前因為愛犬熊熊而踏上訓犬行列，也是人稱熊爸的由來，提倡不打不罵不處罰的人道訓練方式，讓狗狗在最沒有壓力的情況下學習，重視狗狗啟發式教育及自發行為教育，讓狗狗的反應與學習能力大增，激發狗狗最大潛能！並以促進人狗和諧關係為目標。

目前為Dog老師全能發展學堂校長，臺灣治療犬協會常務理事。

粉絲專頁：

https://www.facebook.com/letsdog2010/

https://www.facebook.com/papabear.dog.trainer/

持本書至熊爸之DOG老師全能發展學堂，送「三十分鐘免費諮詢」

獨家好康 狗狗生活啟發、瘋狂狗狗社會化，狗狗特殊問題行為矯正、狗狗才藝班，讓知名寵物訓練達人熊爸，教你如何解讀愛犬心思！

＊請先來電預約，諮詢當天每書限兌換乙次，優惠不可合併使用。

＊台北市松山區撫遠街16號 02-27617636　　　　　　＊優惠至2016/12/31

當我們宅在一起——狗狗的床床如何挑選？

首要評估是「清理的方便性」。雖然一般來說狗狗不會尿尿和便便在自己的床上，但是萬一拉肚子或是忍不住尿尿，或是半夜被關在自己房間，還是有可能在床上方便。而且睡墊久了也會需要清洗，所以「清理的方便性」是睡墊首要評估的條件。

● **睡墊、睡盆：**睡墊通常是棉質內鋪棉花的軟墊，柔軟好清洗，可以在睡墊外加上塑膠製防水的睡盆，天氣熱時，拿起睡墊，改鋪毛巾即可。

● **狗屋：**木頭材質，冬暖夏涼又通風，但是清理麻煩，通常門的開口偏小，所以要擦拭內部比較花時間！

● **運輸籠：**通常是塑膠材質，可攜帶並附有手把，屬於可以封閉又通風的狗窩。平常在籠內鋪上毛巾，外出時鋪上尿布墊，搭乘交通工具也很方便，外出旅遊時也可以直接讓狗狗在習慣的狗窩休息。

狗狗不玩耍，不然要幹什麼……

每天都要和狗狗有互動才能有幸福～最容易加強互動的玩耍方式，就是和狗狗一起玩玩具。

玩具對狗狗有很多好處：

● 消除壓力，排遣寂寞

如果狗狗白天得自己在家，那你更應該訓練狗狗喜歡玩玩具。狗狗能透過玩具和主人互動，對狗狗來說是很大的樂趣！讓狗狗喜歡上玩玩具的感覺，當你外出時，可以準備一些益智類玩具，將零食塞進玩具裡，狗狗會花時間找尋零食，藉由動腦消耗精力，抒發壓力也排遣寂寞，降低焦慮。

● 多玩可以增加自信心

狗狗在和主人遊戲的過程中，透過你丟我撿的遊戲，主人會稱讚狗狗的表現，讓狗狗更有自信心。透過益智型玩具，動腦找尋零食的過程，發展解決問題的能力，也可以讓狗狗增加自信。

● 多玩可以提高活動力

狗狗白天多半處於睡眠狀態，有些狗連主人下班回家都不想活動，只想睡覺。透過和主人一起玩拉扯型玩具，或你丟我撿的遊戲，提高活動力，讓狗狗適當運動，也可以減重，有益身心～

⑤
狗狗和主人都要遵守的玩耍規則

● 規則一：由主人決定遊戲時間

當狗狗拿玩具邀請主人玩時，不要順著他的意思，因為遊戲時間是由主人來決定。

主人必須讓狗狗瞭解，什麼時候才可以玩遊戲，如果不是玩遊戲的時間，就要堅定地忽略狗狗、拒絕狗狗，也可以藉此讓狗狗學會什麼時間該做什麼事。每天可以固定一段遊戲時間，由主人主動開始遊戲，其他時間把玩具收好！

● 規則二：玩具不是屬於狗狗的，是主人所給予

平常要把玩具收好，不是狗狗隨時想玩都可以玩，要由主人給予玩具。如果可以任意拿取，狗狗會將玩具丟得到處都是，久而久之就不會珍惜了，也會對玩具失去興趣。

● 規則三：狗狗要遵守禮貌，不能侵犯主人

狗狗在遊戲過程中，要遵守遊戲規則、守禮貌，不能有逾矩的行為，像是撲倒主人、搶玩具時啃咬主人，因此要避免狗狗太過激動！如果有侵犯主人的行為出現，為了避免雙方受傷，遊戲必需適時暫停，狗狗懂得互動的禮貌是主人的責任

你的狗狗最愛什麼玩具呢？

許多主人都把狗狗當成小孩疼愛，怕狗狗一個人在家寂寞無聊，就會替狗狗添購許多玩具。不論選擇什麼種類的玩具，挑選上一定要注意：天然、無毒、耐咬，是狗狗玩具必要的條件，同時不要挑過小的玩具，避免誤吞誤食！

● 絨毛或帆布（棉布）製玩具

棉布、帆布玩具有耐咬、易清洗的優點，而絨毛玩具容易弄髒，這些玩具適用於小型犬，有輕度撕咬習慣的狗狗，通常搭配啾啾發聲

器，能激發狗狗的興趣！這類型的玩具材質不軟不硬，讓狗狗邊玩邊咀嚼，有助牙齒保健與維護。

● 橡膠或尼龍製玩具

橡膠、尼龍玩具堅固耐咬，需要注意原料品質、產地，避免買到有毒的橡膠尼龍玩具！這類型玩具適合有撕咬、甩咬習慣的狗狗，橡膠玩具上面通常會做許多孔洞，這樣狗狗更好施力啃咬、甩咬。

● 聚乙烯或乳膠製玩具

乳膠和聚乙烯製作的玩具比較柔軟不易變形，適合比較不會啃咬或撕裂玩具的小型狗狗，有些會搭配啾啾發聲器，讓狗狗愛上玩具。因為材質柔軟較不傷牙齦，中老年狗狗也很適合，邊咬邊清潔齒縫間的牙垢。

● 木頭製玩具

木頭玩具多是耐咬材質，最適合愛啃咬，以及有破壞本能的狗狗，尤其是處於成長換牙期，想到處啃咬的幼犬。對於愛亂咬家具或鞋子的狗狗，是個很好的選擇。採用天然有機木頭製成，具有狗狗喜歡的天然香味，木紋細緻，不必擔心木頭纖維突出，就算吞食木頭屑，也可以被腸胃分解消化後排出，不必擔心。

特別要注意的是，市面上有種木頭玩具，外部成分是耐咬無毒合成

橡膠的假木頭材質，內部有含真實木材，再搭配木頭香味吸引狗狗啃咬，效果當然沒有天然木頭玩具好。

● 你丟我撿型玩具

最適合喜歡玩你丟我撿，或是愛用嘴巴玩拋接遊戲的狗狗。

像是球狀、棒狀、飛盤類都很適合，丟出玩具的過程中，如果玩具會不規則彈跳，會讓狗狗更有興致玩耍！記得不要丟太遠或丟太快，避免在衝刺撿玩具過程中滑倒受傷。讓狗狗學習撿回玩具交給主人，也是很棒的互動遊戲，主人的讚美，會讓狗狗更有自信。

● 拉拉扯扯型玩具

這類型玩具需要主人和狗狗一起玩耍互動。

如果家中有兩隻狗狗以上，也可以互相拉扯玩具來遊戲，狗狗在拉扯甩咬玩具時，常會發出低吼聲和猛烈甩頭，這是遊戲時自然發出的聲音，不是狗狗在生氣。

● 益智型玩具

益智型玩具最適合有分離焦慮症的狗狗玩耍，主人把零食塞進玩具裡，狗狗會思考、動腦找尋零食，並且會消耗滿多精力、專注力在遊戲過程，可以讓狗狗邊玩邊抒壓，有抗焦慮的效果。

● 潔牙型玩具

有些特別的玩具材質在狗狗啃咬時，可以間接摩擦掉牙垢，像是天然絲瓜材質玩具、繩結玩具或是搭配塗抹牙膏的潔牙玩具，都可以讓狗狗在遊戲過程中，順便達到潔牙效果。

特別提醒：狗狗如果破壞玩具了，記得更換新玩具，千萬不要捨不得丟棄，萬一破掉的玩具填充物被誤食就QQ了。

狗狗玩具怎麼挑？

● 尺寸大小適中

依照狗狗的體型、嘴巴大小來挑選。有些玩具對於幼犬合適，可是當狗狗長大以後，就要針對狗狗的改變，更換成其他不同尺寸的玩具，以防狗狗誤吞，若有異物卡在喉嚨就麻煩了。

● 狗兒個性

平常可以準備種類多元的玩具，每星期輪換，觀察狗狗的喜好。狗狗選擇性高，對玩具就會更有興趣！通常狗狗都會有一個最愛的玩具，最好不要隨便換掉最愛的玩具，玩具不見了，可能會讓狗狗更焦慮，狗狗其實也會喜新厭舊，如果狗狗已經有很多玩具了，還一直提供新玩具給狗狗，有可能養成喜新厭舊的習慣，永遠都只玩最新的玩具。

● 狗兒玩玩具的反應

給狗狗一個新的玩具時，觀察他對新玩具的反應，是喜歡撕咬玩具、甩玩具或是喜歡主人和他玩拋接呢？透過觀察狗狗玩玩具的反應，可以去購買最適合他的玩具，讓你們的遊戲互動更有樂趣。

特別注意事項

● 安全第一：材質天然無毒、
　玩具單純無複雜裝飾

為狗狗選玩具時，首先要了解原
料、材質以及產地，務必要選擇
天然無毒，幫狗狗的安全把關！絨毛玩具大多裝有眼睛或是鼻子等
裝飾，最好選擇造型簡單的款式，因為絨毛玩具的裝飾物容易脫
落，尤其在狗狗啃咬的過程中會被輕易扯掉，可能會造成誤食。

● 定期縫補，啃咬破壞要汰換

平常要定期注意玩具是否有破裂狀況，不管是什麼材質、無論多耐
咬，時間久了仍會破損。尤其絨毛、帆布材質，僅適合擁有輕度啃
咬習慣的小型犬，一旦過度撕裂，玩具很容易裂開，就怕填充物會
被狗狗咬出來或吃掉，必需立刻縫補維修，或是淘汰更新！

● 消毒清潔

當狗狗在玩玩具時，上面一定會沾到口水，因此需要定期清潔、消
毒，並且讓玩具保持乾燥。一樣要特別注意絨毛、帆布材質，這類
型玩具很容易沾染口水，玩具常會溼答答的，容易滋生細菌，甚至
會有異味，更要時常清洗乾淨，多曬太陽保持乾燥。

Part 4

專業美容師教你
在家就能幫狗狗保養洗香香～

我家古代咪咪狗是長毛超級大型犬，洗澡美容是定期必做的巨大工程。

兩歲以前都是每星期送洗，一開始是找住家附近的寵物美容店，後來發現空間都太小，每次洗完，咪咪都被留在一個小籠子裡，頭都抬不起來，非常可憐。後來找空間大一些的美容店，離家比較遠，所以美容店有安排專車來接送，咪咪每次上車都感覺非常難過悲傷的樣子，一車子裡面都是狗，感覺像上了囚車一樣，洗完回來常發現東沒吹乾、西又打結的。後來索性自己送去美容，卻發現咪咪在美容店門口抱著我發抖，很不想進去。因此又換了一家也養古代的朋友說很好的美容店，洗了兩次就發現鼻樑竟然被打傷回來，去找美容店理論，不僅說是他自己撞傷的，還不肯退包月（一個月預付四次）還未使用的費用……後來發現當年寵物美容店幾乎都把狗當成皮包一樣的物件在洗，幾乎沒有一間不虐狗的，所以決定在家自己幫咪咪狗洗澡。

查了臺灣市場上所有的狗狗書，少得可憐不說，哪裡還有專門介紹幫狗狗在家洗澡的書啊？只好自己胡亂洗，洗了幾次才知道狗不能用人的洗髮精，後來為了馮咪咪創立了我們好好，才從美容師那邊學習得知，「梳毛要用特別的手法」狗狗才會幸福，也才知道為何每次我要幫咪咪梳毛他都躲得遠遠的……

相信也有很多和我一樣把狗狗當成家人、小孩的主人，想要自己在家裡幫狗狗洗澡，就像爸爸媽媽幫小孩洗澡一樣，優質的洗澡方式可以促進狗狗和主人之間的親暱度，也是一種很好的互動唷～

以下是拜託（其實有點強迫加懇求）我們好好兩位專業資深的美容師為大家整理出來「在家如何幫狗狗洗香香、剪漂漂、維持好的保養與清潔習慣的方法。」

黃芯蕾

KCT A級美容師、全國雙冠軍證照、KCT B
級全國比賽冠軍。

受邀台視－超級設計師、壹電視－頂級寵
物、壹週刊－狗狗專欄、AZ旅遊生活雜誌採
訪。寵物美容明師出高徒培訓計劃老師、諾
亞方舟動物同樂會及文化大學教育推廣部狗
狗美容DIY課程講師，現任我們好好美容部
部長、我們好好寵物美容課程講師。

許哲寧

擅長寵物美容課程人員培訓和教學，擁有
TGA B級冠軍證照。

受邀自由時報、壹周刊、TA NEWS－臺灣
動物新聞網、TVBS G－女人我最大、壹周
刊－狗狗專欄採訪。寵物美容明師出高徒培
訓計劃老師、文化大學推廣教育部寵物美容
DIY課程講師，現任我們好好寵物美容課程
講座講師、寵物美容課程人員培訓講師。

1

狗狗的日常保養

日常保養可以即時發現狗狗的身體出了狀況，只要學會了簡單的保養方法，讓狗狗的皮膚、毛髮、牙齒、耳朵，時時刻刻都保持在良好的狀態，看醫生的次數自然會減少。

 耳朵的清潔保養

狗狗的耳朵最好是一至兩星期清一次，在清潔耳朵時可以觀察狗狗耳朵的狀況唷。

● 每天檢查狗狗的耳朵

每天都要檢查狗狗的耳朵，平時可以
輕輕撫摸狗狗的耳朵，讓狗狗習慣被
接觸、清潔。如果耳道內有異味及髒
汙甚至紅腫出血、傷口等狀況，就不
適合自己幫狗狗清耳朵囉！應該立即
找醫師治療耳朵狀況。

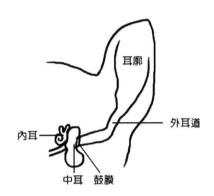

立耳的狗狗像是柴犬、柯基、哈士奇
等等，耳朵較通風。而垂耳的狗狗像
貴賓、馬爾、西施等等長毛犬，耳道內還有耳毛，如果沒定期整理清潔，
很容易發炎感染喔！

● 幫狗狗清潔耳朵要準備什麼？

棉花棒： 拔完耳毛用來清潔外耳道
汙垢。

＊棉花棒請選用品質較好柔軟的，棉
花不易鬆脫，以免掉進耳道裡，棉花
需整個包覆棒子，不可太薄，以免刮
傷耳道。

耳朵的清潔工具

清耳液： 用來清潔、溶解耳垢。市面上有水狀、凝膠狀、乳狀，功能類
似，建議使用水性且無酒精的配方。選購時，請選用知名名牌，成分較天
然，可以看產品成分說明，避免使用化學成分的清耳液。

● 清狗狗耳朵的步驟

STEP1：將清耳液倒入耳內

順著耳邊讓清耳液慢慢流進耳內，倒入的量要濕潤
整個耳朵，也就是要倒滿耳道。慢慢讓狗狗適應，
如果太突然或大量倒入，狗狗可能會受到驚嚇。

STEP2：搓揉按摩耳朵根部

狗狗清耳朵教學影片線上看

用指腹輕輕搓揉耳根部位，大約按摩30~60秒，按摩耳根讓清耳液溶解耳
垢，並且讓清耳液深入耳道。按摩完狗狗會自行甩出清耳液。

如果狗狗沒有做出甩頭的動作，可以在狗狗耳邊輕輕吹氣，狗狗就會自然
地甩頭了。

STEP3：棉花棒滴清耳液，擦拭耳朵

在棉花棒上滴滿清耳液，讓棉花棒完全溼潤再擦拭耳朵。棉花棒太乾可能
會摩擦耳朵內的皮膚，讓耳道破皮紅腫喔！

只要擦拭外耳道肉眼看得見的地方就可以了，千萬不要伸入耳道深處，力
道要非常輕柔且緩慢，以免傷到狗狗的耳朵。擦拭到棉花棒乾淨沒有耳垢
就完成了，不要清過頭，反而把耳垢推往更深處。

如果狗狗不喜歡清耳朵，千萬不要責罵狗狗，一定要用很多的口頭獎勵和
安撫來引導，不然狗狗會聯想到清耳朵就會被罵，反而更害怕清耳朵！

POINT

很多爸媽不知道自己的狗狗是不是屬於要拔耳毛的狗狗，不拔耳毛的耳朵
無法徹底清潔乾淨，但是自己拔耳毛很容易弄痛狗狗，所以建議可以一到
兩個月帶狗狗上一次美容店找專業美容師代勞喔！

 ## 如果你發現不是前幾天才清過，
怎麼狗狗耳朵又髒又臭了呢？

如果有以下這些問題：

1、甩頭、甩耳朵

2、搔抓耳朵內、外部

3、耳道內有異味及髒汙

4、有明顯傷口

5、有流膿或血水

6、歪頭

7、耳朵紅腫出血

表示耳朵的狀況已經很敏感脆弱了，千、萬、不、要、自、行、
清、潔，以免造成狗狗不適，應立即帶去看醫生治療，並照醫生指
示清潔耳朵。

狗狗也要刷牙唷

牙齒和健康息息相關，擁有一口好牙，才會健康。

如果忽略幫狗狗刷牙，會大大影響健康的。因為狗狗的唾液加上食物的殘渣，只要停留兩天，就會形成牙菌斑，造成初期牙結石。這些結石會讓狗狗滿口細菌、又臭又髒。如果沒有定期清潔狗狗的牙齒，牙結石會逐漸變成牙周病、牙齦炎，細菌也可能擴及全身，造成心、肺、腎、肝、胃等其他器官疾病，嚴重的話，還會導致細菌性心內膜炎！

如果狗狗能每天刷牙最好、同時常常給天然潔牙骨，可以防止牙菌斑惡化成牙結石。

一旦牙結石形成，就需要給獸醫全身麻醉「洗牙」，而且因為沒有健保給付，價錢挺高的（是的，馮咪咪上次洗牙就花了快一萬元……）。

所以狗狗最好能每天在睡前刷一次牙，同時每年定期至醫院檢查～

● 刷牙五步驟，讓狗狗愛上刷牙！

STEP1：先把狗狗專用牙膏擠在狗狗的牙刷上，不要刷，慢慢靠近狗狗的嘴巴讓狗狗自己來聞和舔，主要目的是讓狗狗適應牙膏的味道和牙刷的觸感。持續進行幾天，直到一拿出牙刷，狗狗就自動跑來舔牙膏，才可以進入第二步。

刷牙的工具：牙刷、紗布、牙膏

STEP2：狗狗舔牙膏的同時，前後輕輕移動牙刷，讓狗狗感覺到刷毛移動，先不要將牙刷伸進口腔內刷牙。等狗狗都適應了也不排斥，再進入下一步。

STEP3：請輕輕扶握著狗狗的頭和嘴，讓狗狗舔牙膏，接著慢慢翻開嘴唇，把牙刷伸進狗狗牙齒和嘴唇之間，然後立即拿出來，讓狗狗繼續舔牙膏。

STEP4：確認狗狗對以上步驟都不排斥後，才能開始刷牙。

狗狗刷牙教學影片線上看

刷牙的方式是上下刷畫圈，只要過程中發現狗狗有任何不舒服或排斥，請立即拿出來，讓狗狗繼續舔牙膏，並回到第三步。

STEP5：當狗狗都能適應刷牙了，就可以開始慢慢的幫狗狗刷整口牙囉！

🏠 POINT

最重要的是在第四步驟，動作都要輕柔不強迫才行，並且不斷地用開心的表情及高頻率的聲音稱讚狗狗（好乖！好棒哦！），讓狗狗覺得刷牙是一件愉快美好的事，拔拔麻麻也會一直稱讚我，這樣狗狗會慢慢愛上刷牙，以後就可以讓狗狗乖乖刷牙了。記得喔，即使之後每一次刷牙，都不要忘了稱讚狗狗。

毛打結了！不會痛的梳毛方法

除了要定期幫狗狗洗澡外，也要天天幫狗狗梳毛，因為梳毛好處多多。

● 梳毛好處多多：

1、促進血液循環

2、防止毛髮打結

3、經常梳毛，脫落的廢毛會被梳理下來，可減少掉毛量，家裡比較不會
　　有廢毛

4、加速毛髮代謝，縮短換毛週期

5、強健增亮毛髮

6、可檢查是否有皮膚問題或跳蚤、壁蝨

7、變美美

● 如何幸福梳毛？

臺灣天氣多變化，所以狗狗幾乎無時無刻都在換毛。

易掉毛的狗種有：哈士奇、黃金獵犬、博美、鬥牛犬、拉布拉多、吉娃娃、長毛臘腸犬……通常在春入夏、秋入冬會有大量換毛現象。

由左至右為圓柄梳×2、針梳、排梳、蚤梳、廢毛梳、豬鬃梳

狗狗依毛的長短來區分使用不同梳毛工具，哈士奇、黃金獵犬、博美、長毛臘腸等可使用針梳；柴犬、柯基犬等可使用廢毛梳；鬥牛犬、拉布拉多、吉娃娃可使用豬鬃梳。請依照狗狗的毛流方向來梳理廢毛。

狗狗毛流方向

貴賓犬、瑪爾濟斯、約克夏、西施犬、雪納瑞、古代牧羊犬，這幾種狗狗的毛會一直變長，同時也是容易毛髮打結的狗狗。他們適用不易掉毛的狗狗梳毛工具：針梳、排梳、大圓梳、刪除分線梳。

大圓梳的針和底墊都要選擇富有彈性的，這樣可以減少狗狗在梳的過程中的毛髮斷裂。

● 幸福梳毛法
梳毛前要讓狗狗心情穩定，可以讓狗狗靠近我們身體，會讓狗狗更安心。

STEP1：用針梳分層分區梳理狗狗的毛髮，記得不要刮到狗狗的皮膚喔！

狗狗梳毛教學影片線上看

STEP2：用排梳梳理全身，並檢查是否有打結。

STEP3：檢查到的打結，請先用手把最接近皮膚的底層毛捏住再梳理打結的地方，以免在梳時，拉扯到皮膚造成狗狗疼痛。

STEP4：如果排梳無法將打結梳開，或打結的地方已經結成很大一塊，就用針梳慢慢的刮開打結處。

STEP5：打結都梳開後，再用排梳全身梳過一次，檢查是否還有打結，並把較細小的結梳開。

② 不常出去玩的狗狗需要剪趾甲

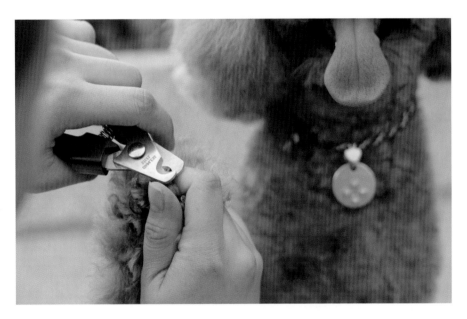

狗狗最好是常常出去玩,在跑跑的同時會自然磨短趾甲。

但無奈還是有些長期待在室內的狗狗,很難利用外面粗糙的地面來磨平趾甲。如果趾甲太長,外型不但不美觀,也會容易抓傷主人和狗狗自已。最重要的是,因趾甲過長造成行走不便,產生不正確的行走姿勢。

長期下來,趾甲過長會導致關節受傷,甚至腳變形!按照狗狗趾甲的生長速度來算,通常每七至十天要修剪一次。不定期修剪的話,血管就會和趾甲一起生長得愈來愈長,過些時候就會發現,怎麼剪了趾甲還那麼長呢?

● 剪趾甲最困難的地方

1、不知道趾甲血管在哪裡，很怕剪流血。

2、狗狗一直亂動，很怕他受傷。

3、狗狗不讓我剪趾甲，看起來很害怕的樣子。

● 幫狗狗剪趾甲工具介紹

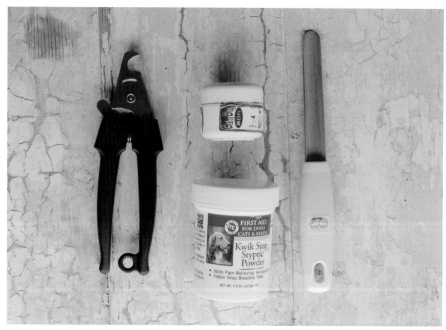

由左至右分別為趾甲剪握剪、止血粉（分膏狀、粉狀）、手動銼刀。

趾甲剪握剪：可以將狗狗多餘的趾甲放入洞口剪下。它的開口固定，不太適合大型犬，也不易看到趾甲角度，比較容易剪到血管。

銼刀：請不要買人用銼刀，因為狗狗的趾甲堅硬厚實，人用銼刀磨不動。市面上販售的狗狗銼刀，建議購買磨紗面更粗、更厚的款式。有分手動和電動，電動磨趾甲機雖然又快又方便，但有些狗狗對於機器快速轉動產生的聲音會感到害怕，所以剛開始使用手動銼刀就可以了。

止血粉：能快速將血管止血，建議家中務必要準備一小罐止血粉，如果真的不小心把狗狗的趾甲剪流血，千萬不要驚慌失措，這樣只會讓狗狗更害怕，請冷靜的使用止血粉快速止血。

● 止血粉有分以下兩種：

粉狀：

優點：止血效果好。

缺點：易受潮結塊，打翻時不好清理。

膏狀：

優點：取用方便，不用怕像粉狀會撒出來或翻倒。

缺點：止血效果沒有粉狀來的好，容易因溫度升高軟化。

● 如何止血

1、按住流血的腳指肉墊，不要讓狗狗亂動或行走，以免加速流血。

2、用手沾少許的止血粉，用量不必多。

3、在流血處敷上止血粉，按壓三至五秒，可以立即止血。

● 幫狗狗剪趾甲的步驟

STEP1：輕抓狗狗的腳趾前端，避免狗狗身體晃動。

STEP2：按壓狗狗的腳掌肉墊，使趾甲伸出。

按照數字慢慢修剪狗狗趾甲就能修得很好看。

STEP3：確認好要剪的長度再下剪。

STEP4：一點一點慢慢地剪去多餘趾甲，直到接近血管。

STEP5：用銼刀將銳角磨圓滑。

STEP6：用手觸摸檢查，確認狗狗的趾甲不會刺，感覺是圓滑的就大功告成囉。

● 狗狗不愛剪趾甲怎麼辦？

如果不喜歡被抬起或握起腳的狗狗，請每天不時的輕撫、輕握與輕抬狗狗的腳，千萬不可強迫拉扯。

一旦狗狗排斥輕拉或輕抬的動作，就要回到輕撫，從頭到尾以大量偏高的音調鼓勵讚美，也可以給予零食獎勵，上述動作重覆幾天，讓狗狗不再害怕被碰腳腳。

如果是害怕剪趾甲的狗狗，請先把趾甲剪拿出來放在遠處給狗狗看到，當狗狗看到時，馬上給零食；趾甲剪收起來時，立即停止給零食。狗狗會知道看到趾甲剪就有得吃，當狗狗不排斥時，可以把趾甲剪慢慢靠近狗狗，重覆幾天，讓狗狗主動看到趾甲剪就聯想到有好事發生，而不是害怕，這樣狗狗就會喜歡趾甲剪的出現囉！

當狗狗不怕看到趾甲剪，也不怕碰腳腳時，接著可以把趾甲剪靠近趾甲，作勢要剪，但不要真的剪下去，過程中一樣是大量的高音調鼓勵讚美，重覆幾天，直到不害怕這個動作為止。

接下來就要真的剪趾甲了，動作請輕柔緩慢，不強迫狗狗。千萬不要罵狗狗，以免造成反感。過程中不可缺少大量高音調的鼓勵與讚美，如果有任何排斥剪趾甲的反應。就要回到前一個步驟，若不排斥就可以繼續完成剪趾甲的程序。

POINT

以上每一個步驟，都要動作輕柔不強迫，並且不斷地用開心的表情及高頻的聲音稱讚狗狗，讓狗狗覺得這是一件愉快美好的事，拔拔麻麻一直讚美我，這樣狗狗就比較不會害怕了

③
毛毛大戰！肛門毛／腹部毛／腳底毛乾淨溜溜

剃毛對主人來說好難，很怕把狗狗給剃受傷了。

其實，有正確的工具和正確的剃毛角度，就能避免受傷，剃毛只需要一個工具唷～

● 幫狗狗剃毛工具介紹

小電剪：刀頭齒距較小，使用上比較安全，特別適合用來剃小部位的毛，可選用同照片款式和尺寸的小電剪。市面上有很多是可以調齒距的，不建議使用，因為這種款式齒距較寬較大，比較容易剃受傷喔！

 不緊張之自己動手剃毛！

1、肛門毛：

肛門周圍的毛會遮到肛門處。定期剃肛門毛，可以保持肛門的清潔，狗狗如廁時也不易沾到便便。

以小電剪剃除肛門周圍毛髮，輕輕拉著狗狗尾巴，確定狗狗不會坐下時再開始剃。

肛門左右各剃一刀，讓肛門清楚露出來，不會被毛髮遮住。當電剪靠近肛門時，肛門會持續收縮，要注意肛門附近的微血管多，小心剃傷！

2、腹部毛：

如果腹部毛太長，狗狗在尿尿時，容易沾得腹部到處都是，尤其是男生狗狗。女生狗狗可以視狀況決定是否剃腹部毛，如果女生狗狗的腹部毛不會造成不乾淨的話，可以選擇不剃。

如果狗狗皮膚較敏感，剃腹部毛會過敏或紅腫，建議不要剃太乾淨，以免刺激皮膚。

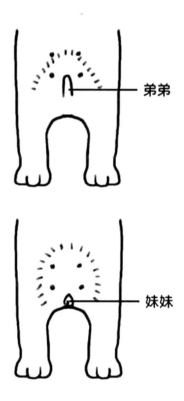

弟弟

妹妹

男生狗狗如何剃

腹部剃成∧型，生殖器周圍毛髮修成尖錐狀，導尿毛約留1cm，蛋蛋毛不要剃，有保護作用。

女生狗狗如何剃

女生腹部剃成∩型，生殖器周圍毛髮修成水滴狀，導尿毛約留0.5cm。

3、腳底毛如何剃除？

腳底毛過長，狗狗容易打滑，還可能會扭到腳，也比較容易藏汙納垢和滋生細菌。定期剃腳底毛可以保持乾燥，狗狗比較好行走。

STEP1：腳底先剃左右一個X。

STEP2：把多出腳肉墊的毛剃平，露出腳肉墊。

STEP3：剃後腳跟的毛，露出腳肉墊。

 POINT

小電剪的角度不可過於太貼或垂直，以免受傷！特別要注意電剪角度需平行，不可垂直喔！

4

在家幫狗狗幸福洗澡吧
STEP BY STEP跟著學，狗狗就像剛去完美容院一樣漂亮

狗狗皮膚的pH值和人類不同，所以不能使用人用洗髮精，若是使用人的洗髮精可能會造成皮膚問題，同時要依照狗狗的皮膚、毛質、年齡，選擇適合的洗澡品，這和狗狗的皮毛健康有著非常密切的關係，成分建議選擇強調狗狗專用，天然、成分日期標示清楚，不含化學成分、人工香料、溫和、無毒的，這些都是非常重要的指標資訊。

如何選擇適合狗狗的洗毛用品呢？首先要先了解狗狗的皮膚狀況：

● 無皮膚問題──依照狗狗的毛色、毛質、年齡、膚質選擇。

依狗毛顏色：

白色──有效去除毛髮上的黃斑、汙垢。

紅色、黑色、奶油色──加入加強護色和毛髮光澤的成分。

依狗的毛質：

柔順──適合長毛、易打結、細軟毛質、乾澀粗糙毛質的寶貝，例如瑪爾濟斯、約克夏。

蓬鬆──適合澎澎毛、視覺蓬鬆的寶貝，例如貴賓、比熊、博美。

依狗的年齡：

幼犬——溫和不流淚的配方，不刺激眼睛及細嫩肌膚。

成犬——進入成犬期，需對毛髮加以呵護、保養，成分要較滋潤。

老犬——針對毛量稀疏、沒有光澤、毛色黯淡的老狗做改善。

依狗的膚質：

油性——可選用深層潔淨的效果較好，洗完的膚質毛質也更清爽。

中、乾性——可選用保濕效果好的產品，油性適用的產品會愈洗愈乾，不
　　　　　可選用。

● 有皮膚問題——可選擇市面上販售改善皮膚問題的洗毛精：

可選擇標示低敏溫和、止癢、保濕、蘆薈、燕麥、舒緩、草本等產品。

醫生指示使用含藥性治療用洗毛精：

用於需要治療的嚴重皮膚病。狗狗的皮膚病分成很多種，不是所有的問題
都可以靠一瓶藥用洗毛精搞定，還是需要依照症狀處理，當狗狗有皮膚
病，建議麻麻拔拔帶去給醫生確診後，充分了解皮膚狀況，再來挑選適合
的洗毛精，以達到最好的療效。

獸醫指示使用的皮膚病「藥用」洗毛精：

請勿碰觸眼睛以免過度刺激，有療效的洗毛精需停留5~10分鐘，讓藥效發
揮並達到治療的效果。

● 需要使用護毛潤絲精嗎？

潤絲精也是有分膚質、毛質、年齡等適用類型，主要功用是調理皮毛pH值，使毛鱗片閉合、毛髮柔順滋潤，以維持肌膚毛髮質量的健康狀況。

　不建議使用「洗護合一」的洗毛精，因為洗護合併，代表含有潤絲的成分，清潔效果會受到某種程度的影響，而無法徹底將毛髮洗乾淨。

馮云個人最推薦用狗狗專用手工皂
來幫狗狗香香

這幾年因為個人生活愈來愈講究無毒的關係，原來家裡面十瓶以上每瓶破千元的名牌洗髮精，無論有機的天然的通通被我丟掉，只放一塊朋友自製要一個半月才能做好的手工皂，不放化學藥劑速成，裡面使用的油脂全部都是有機無毒的，洗了之後才知道過去幾十年來用的名牌洗髮精沒有一個不放化學藥劑，幾乎都含有矽靈（矽靈會對身體造成的傷害請自行上網去查唷），難怪頭髮愈洗愈黏膩，

有種怎麼洗都洗不乾淨的感覺。後來用了一塊一百元左右的手工皂一洗，才發現頭皮和頭髮都清爽、舒服、乾淨得不得了，連頭腦都有種清醒過來的感覺。用了近半

年之後，當下立即決定讓我們三隻長毛狗要和我一樣幸福，一律都改用我們好好客人自行研發製作「專門給狗狗的手工皂」來幫他們洗澡，三隻洗完澡後也不用潤絲，請美容師幫忙用幾滴椰子油護毛就很棒了！已經洗了一年多，三隻的毛髮比以前好多了。

尤其是馮咪咪，以及原本皮膚一直有狀況的浪浪雪納瑞愛德華狗，兩隻的毛髮和皮膚狀況洗了都比以前好太多！

因為洗髮精廣告多年的大量催眠使然，使用手工皂來洗身體和頭髮的人都已經是少數非主流的做法，何況是狗狗洗毛？所以這種又便宜、又好、又不會傷身體的方法，大家請自行衡量斟酌。

 POINT

手工皂使用完畢只能自然風乾～用完不能濕淋淋的直接放進保存盒中，也不能直接放在洗手檯、浴缸旁，因為會整塊溶掉一半（若是沒有溶掉就表示裡面可能有化學成分，不建議繼續使用），可以去買一種專門裝手工皂的網袋，裝進去之後吊著風乾。下次要使用的時候不用從網子拿出來，直接隔著網子反而比較好搓出泡沫。

● 幫狗狗洗澡像打仗？

每次準備幫狗狗洗澡時，總是上演你追我跑的畫面，又搞得全身濕答答，尤其是到了沖頭的地方，狗狗老是一直閃躲，真怕噴到眼睛和鼻子裡，也不知道有沒有沖乾淨。

照著以下洗澡流程 STEP BY STEP就對囉！

STEP1：洗澡前準備

先準備好洗澡所需的東西，免得過程手忙腳亂。

洗毛精：如果你是用洗毛精，請放在塑膠瓶內，並加水稀釋好。

狗狗洗澡教學影片線上看

有些洗毛精會註明稀釋的比例；有些洗毛精沒有，建議都需要稀釋再使用，如果沒有註明稀釋比例，可以用1：3（洗毛精：水）的比例稀釋。

POINT ————————————————————————————

洗毛精為什麼要稀釋？因為稀釋過的洗毛精較能均勻地分布在狗狗的毛髮上，用量也會比較省，同時更好沖洗，不會造成殘留，導致沖洗不乾淨的情形發生。

————————————————————————————————

手工皂：如果是用手工皂，因為手工皂沒有添加起泡劑，可搭配沐浴球或起泡網來使用，增加摩擦起泡，可以節省使用量。手工皂清潔力足夠，沖水完後會澀澀的，但是吹乾的時候，毛髮一樣好梳理、吹蓬鬆～
如果覺得太乾澀，可以用毛巾將水分吸至八分乾左右，抹上少許椰子油或是狗狗專用絲蛋白，修護毛髮並增加光澤與柔順感。

毛巾：因為狗狗的毛髮多，使用材質較厚的毛巾會比較吸水。也能購買狗狗專用吸水毛巾，吸水力更強。

吹風機：不要使用聲音過大的機種，以免嚇到狗狗，讓他們對吹風機心生害怕、反感，最好有兩到三段式的風量和溫度調整，千萬不要用過熱的溫度吹狗狗，避免狗狗皮膚受傷，可以先用主人的手測試，吹風機維持不動，吹手10秒，如果手感覺到的溫度是舒適的再吹。

STEP 2：洗前檢查皮膚狀況

洗澡前，先檢查皮膚是否有外傷，如有傷口，應該要輕柔帶過或避開。

如果輕微的外傷或皮膚紅腫沒有注意到，又用力搓揉，反而會致使皮膚二度受傷或造成狗狗不適，但如果傷口已經有流血、明顯外傷或新傷口，建議去看醫生，請醫生評估是否能夠洗澡。

STEP 3：洗前檢查是否有毛髮打結

利用排梳或針梳把廢毛梳掉，打結的毛梳開。可以避免洗毛精殘留在打結的毛球裡無法清洗乾淨，造成更嚴重的皮膚問題。

毛髮打結的地方，如果沒梳開直接洗澡，反而會更揪結，更難梳開。而且毛髮揪結，會造成打結毛球吹不乾，可能導致濕疹或霉菌等皮膚問題。

STEP4：打開蓮蓬頭的水並調水溫

先離狗狗一小段距離再打開蓮蓬頭，並調整水溫，如果蓮蓬頭轉開時，距離狗狗太近，可能會讓害怕洗澡的狗狗驚嚇，或者因水溫還沒調整好，而冷到或燙到。

狗狗的體溫比人體還高，所以對高溫很敏感。水溫可依天氣溫度調整，範圍在30~35度，春夏天氣溫度較高，水溫可調整至30~32度（微溫），秋冬天氣溫度較低，水溫可調整至33~35度（溫暖而不熱）。

有皮膚問題的狗狗更為敏感，不可用過高的水溫。

STEP5：把毛淋溼

狗狗最不喜歡的就是沖頭，所以一定要先從離頭部最遠的部位開始，從屁

股後背開始沖水，慢慢適應後淋濕整個背部、腹部、後腳、前腳、胸前、最後才是頭部。

STEP6：淋上稀釋過後的洗毛精或是塗上手工皂的泡泡

避免將稀釋後的洗毛精直接淋在狗狗臉部，有些狗狗會害怕被稀釋後的洗毛精淋在臉部，也要避免洗毛精不小心淋到眼睛，可以擠一點沒稀釋過的洗毛精在手上，並以手指搓一搓，直接洗狗狗的臉部。

STEP7：開始搓洗

請利用指腹搓洗，千萬不可用趾甲，以免造成狗狗皮膚受傷。如果是毛髮很長或很濃密的狗狗，手指要伸進毛裡，觸碰到皮膚後，再用指腹搓洗。狗狗最容易髒和臭的部位是腳底趾縫、生殖器、鼠蹊部、肛門、淚痕、嘴巴，所以這些部份都不能忽略，一定要仔細搓洗乾淨。

STEP8：沖洗全身

一樣從屁股後背開始沖水，再沖洗整個身體、尾巴、腹部、後腳、前腳、胸前，最後沖洗頭部。這樣的順序是為了讓髒水由上往下被沖洗掉。

 POINT

狗狗腋下和胯下，因為有夾縫與皺摺，不容易沖洗乾淨，要記得多沖幾次並用手確認是否有泡泡殘留。

美容師小撇步：可一邊沖洗，另一隻手一邊輕輕搓揉毛髮裡層和皮膚，這樣沖洗上會更快更乾淨。

STEP9：檢查是否有殘留洗毛精

用手摸摸看是否已經完全沖洗乾淨，沒有黏膩感、不會油油滑滑，也沒有泡沫，才是真正洗乾淨。

STEP10：用毛巾擦乾

狗狗洗完後，建議用吸水力強的厚毛巾，比較能夠把毛髮擦乾，市面上也有專用吸水毛巾，吸水力更強。

 POINT

長毛的狗狗，千萬不可以用「搓」的，必需用「按壓」的方式把身上的毛髮擦乾，以免毛髮糾結在一起

STEP11：吹毛

吹毛順序是先從背部、臀部、後肢、腹部、胸部、前肢到頭部，因為怕狗狗會著涼，需先把身體的部份吹乾。狗狗最怕吹頭部，所以頭部可留到最後再吹。

請不要讓狗狗進烘箱把毛髮烘乾啊！（這很恐怖，很不幸福）全程手吹的方式更適合狗狗。所謂手吹就是指不使用烘箱吹毛，而是使用吹風機或專業用大吹。

狗狗吹毛教學影片線上看

如果狗狗沒有習慣關籠子，被關在烘箱裡，加上烘箱運轉的聲音又很大，會造成狗狗緊張害怕，甚至會衝撞或抓門造成受傷。沒控制好烘箱溫度，也可能會造成危險。過度烘乾，會造成毛髮乾燥。尤其是年老或有重大疾病的狗狗更不適合使用烘箱。所以用手吹的方式是最安全也是對毛髮保養最好的方式。

POINT

在洗澡過程中，千萬不可以一直大叫或兇狗狗不要動！乖一點啦！或強硬的抓住狗狗沖水，這樣只會狗狗更害怕、緊張，覺得洗澡是一件非常可怕的事，因為狗狗感覺一直被罵，就更討厭洗澡了！
開始洗澡的每一個步驟，都要動作輕柔不強迫，並且不斷稱讚狗狗，讓他覺得洗澡是一件美好的事，拔拔麻麻也會稱讚我，這樣狗狗就會不害怕洗澡，以後也會願意乖乖洗澡了。

STEP12：關於吹風機的使用

吹風機最好選擇能調整溫度的款式，在家裡可以準備一個吹風機架子，調成中或低溫來吹，以免過熱的溫度傷害到狗狗皮膚。如果是無法調整溫度的，請將你的手放在狗狗的身上，並將吹風機拿遠到你的手都不會覺得燙

的距離。

中、長毛狗狗（貴賓、瑪爾、雪納瑞、約克夏、臘腸、黃金臘犬）請配合針梳吹毛。記住一個原則，當風吹到哪裡，針梳就梳開哪裡。用逆毛、順毛的方向來回吹梳，會使毛吹的更直、更澎，也會加速吹乾。只有兩個部位要用順毛吹，就是耳朵內外和尾巴。

短毛狗狗（米格魯、鬥牛犬、拉不拉多）不需要使用針梳，可改用豬鬃梳梳開，或直接用手撥乾。

 POINT

1、洗完澡毛還沒乾時，請不要讓狗狗進冷氣房裡或吹毛，避免溫差過大而感冒。建議先將冷氣溫度調高或暫時關掉，尤其是幼犬、老狗抵抗力較低需特別注意。還有一定要吹乾哦，否則皮膚毛髮潮濕可能會引起皮膚方面的疾病

2、小型狗狗輔助工具：
可用吹風機支架和輕便型美容桌，使用吹風機支架代替手持，就能一手扶著狗狗，一手梳毛，更方便省時。

3、中大型狗狗輔助工具：吹（掃）水機
是以強力風速將身上過多水分掃掉的工具，適用在毛髮需要花費長時間吹乾的狗狗，尤其是黃金、哈士奇等，一般家中使用的吹（掃）水機，市面上一台六千～一萬不等，價位再更高的有一萬五～二萬。選購的基本原則是以有保固和售後服務為佳。

我們好好美容師教你專業小撇步

這些地方的清潔也很重要！

如何洗狗狗的腳底？

因為腳底容易有髒汙，也是排汗的地方，很多狗狗又愛舔自己的腳底，所以清洗時要輕輕的把腳趾縫分開，一一清洗。

如何洗狗狗的臉部？

1、先用一隻手掌扶托住狗狗的下巴，另一隻手開始洗頭頂。

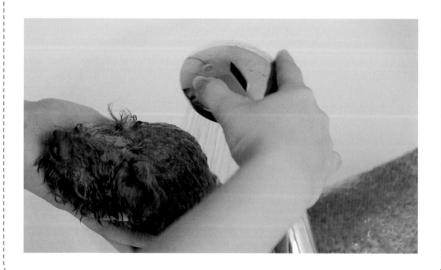

2、兩隻手扶托住狗狗的臉頰兩側，利用大拇指由上往下清洗淚痕的地方。

3、兩隻手輕握住狗狗的嘴管，清洗嘴巴。

POINT

如果泡沫跑到眼睛裡，可以使用市售人用的人工淚液或生理食鹽水來沖洗眼睛。

狗狗吹毛時總是跑來跑去怎麼辦？

小型狗狗：

將狗狗放在稍有高度的桌子，寬度以約可放置三隻狗狗的大小即可，能在範圍內吹整狗狗的毛髮，狗狗也不易跑來跑去。或是請一個人負責抱住狗狗，另一個人負責吹毛。

大型狗狗：

請用一條長的繩子，繞過狗狗的胸下，並扣起，把繩子綁在固定的地方。

要如何更快速吹乾狗狗？

用毛巾邊擦邊吹，能加速毛髮的水分蒸發，就會更快乾。

中、長毛狗狗：

擦到八分乾就可以開始用針梳吹毛，如果擦太乾，毛容易吹不直也不澎。

短毛狗狗：

短毛狗狗不用吹直吹澎，所以可以持續一邊擦，一邊吹乾毛。

狗狗怕吹頭怎麼辦？

狗狗害怕吹頭的主要原因有：

1、吹風機太大聲，被嚇到有不好的經驗。

處理方式：請把吹風機風量調小，或購買聲音較小的。（請參閱STEP12使用吹風機）

2、吹風機過熱，造成狗狗不舒服。

處理方式：請把吹風機熱度調低，或拿遠一點。（請參閱STEP12使用吹風機）

3、吹毛時，風不小心吹進狗狗的耳朵。

處理方式：因為狗狗很不喜歡被風吹進耳朵，會讓他們很不舒服。因此，吹頭部時可以把風調小，不要直吹狗狗的耳道，或吹耳朵時幫狗狗遮住耳朵，並將吹風機拿遠一點。

4、吹毛時狗狗不停亂動掙扎。

處理方式：你一直顯得不耐煩，或對狗狗口氣不好且兇惡，這樣會造成狗狗更討厭吹毛，因為只要想到吹毛，就會被罵被打，表現得更緊張更害怕。請記住：狗狗討厭的事情，只有安撫、讚美能讓狗狗安心，了解吹毛沒有什麼好害怕，因此吹毛過程中請勿責罵。

特別注意可怕的跳蚤、壁蝨

我們家的狗狗愛麗絲，就是因為壁蝨傳染而染上了焦蟲病，後來發作併發肝炎，短短八年的生命因此結束。我這才知道壁蝨有多可怕。跳蚤也很可怕，不但會咬狗狗，也會咬人，跳蚤一天最多可生五十個卵，壁蝨一星期可生三至四千顆蛋，所以當狗狗身上出現跳蚤、壁蝨，就代表家中已經被埋伏了。被你消滅的跳蚤、壁蝨，很有可能已經在家中下好了蟲卵，只要一孵化，家中又會被佔領。所以只要發現跳蚤、壁蝨，狗狗和家中就需要持續定期進行除蟲，直到再也看不見跳蚤、壁蝨為止。臺灣夏天潮溼溫暖的天氣是跳蚤、壁蝨的最愛，也是繁殖的季節。到底要怎麼樣預防呢？

● 跳蚤、壁蝨是從哪來的……
1、有跳蚤、壁蝨的環境 ，尤其是草地、公園。
2、和其他身上有跳蚤、壁蝨的貓狗接觸 。
3、依附在人的衣褲、鞋子帶回家。
以上都是狗狗常去的地方，防不勝防，所以只好從狗狗身上下手：

● 防蟲大作戰！
1、隨時帶著純天然精油防蟲項圈
選擇全天然驅蟲精油成分，對狗狗無害，平常就要戴在狗狗身上。因為會散發出精油味道，能有效驅趕外寄生蟲，避免叮咬，減低被感染的機會。

2、用滴劑，滴在狗狗頸部和背部的區塊

100%純天然植物萃取的滴劑，一般狗狗店都可以買得到，狗狗洗澡沖洗時，會把這一類型的滴劑洗掉。另外有一種含藥性滴劑，這個要在獸醫院才買的到，這種藥效可維持一個月，沖洗不會把滴劑洗掉，不影響效力。藥劑由皮脂腺分泌的油脂順著毛囊分佈全身，不會進入體內血液循環，所以跳蚤壁蝨不是吸血死亡，而是接觸到皮膚表面的藥劑，影響神經系統一段時間，過度興奮而死亡，同時也能中斷跳蚤生命週期。

3、去高危險的地方時噴除蟲噴劑：

一定要選100%純天然植物萃取的噴劑才行唷（非常重要），可直接噴於狗狗或人身上，噴時注意避開狗狗眼睛。也可以噴環境、噴狗狗的窩，外出時，尤其是去草地跑跑前，可以噴於全身，就像我們常用的防蚊液一樣，可有效避免跳蚤、壁蝨上身。

4、使用除蟲洗澡產品：

洗澡時搭配天然成分洗劑也是一種方法唷！

 POINT

去高危險的地方時，可同時使用兩種到三種防護（譬如帶除蚤項圈再噴除蟲噴劑），多重預防保護更好。

6

讓狗狗愛上美容，如何選擇適合的狗狗美容店？

如果主人無法幫狗狗洗澡，必需定期送狗狗去美容店洗澡美容，請一定要審慎評估美容店是不是狗狗喜歡、適合的。不適合的美容店會造成狗狗心情不好，嚴重的還有可能讓狗狗受傷，甚至死亡。

要如何知道狗狗喜不喜歡這間美容店呢？

可以看看狗狗和店內美容師互動的樣子，以及狗狗去到美容店的狀況，如果狗狗喜歡，且對洗澡不恐懼害怕，通常經過美容店時，就會迫不急待地很想進去。若是一到美容店就發抖想逃，通常都是在美容店受了委屈或是被罵被打了。

選擇美容店家，有幾個評估重點：

1、環境及氣味

特別注意「氣味」，踏進店家是否會有濃濃的「狗味」，如果味道很重，有可能是環境清潔、消毒不夠完善！也要注意是否有怪味，不天然的芳香劑可能會有化學香味的毒素！對狗狗的嗅覺和身體都有不小的傷害。

想要瞭解美容店的環境，可以先觀察店家整體外觀、再到外場大廳、美容室；留意大廳是否有安全閘門，可以避免狗狗在外場活動時亂跑；檢視美容室空間，洗狗狗、美容過程能不能從外面看見。如果是全透明化的空間，主人能夠相對安心的在外觀看！

再來，觀察工具、設備是否齊全？人力是否足夠？一次能服務多少狗狗？如果人力不足，一天又服務過多隻狗狗，就要留意服務品質，狗狗也得待在美容沙龍較久的時間，可以尋找預約制的美容沙龍，狗狗就可以在預約的時段被服務。

2、專業度

透過詢問店家服務人員、美容師的應對之間，可以了解專業度、熟悉度、經驗是否足夠！尤其是新開的店家，如果不放心，可以詢問美容師的經歷，以及是否有狗狗美容的相關證照，讓經驗足夠的美容師服務狗狗也會比較放心！

3、對待狗狗的態度與方式

觀察店家的服務人員、美容師對待狗狗以及和狗狗互動的方式，是不是整家店的人員都親切對待狗狗！還要注意抱狗狗的姿勢，尤其是脊椎長的狗狗，更需要用正確抱法，不然狗狗很容易受傷！

4、比你更了解你的狗狗，是美容師也是「健康諮詢專家」

美容師在服務狗狗時，會了解狗狗的喜好，洗澡美容時的「眉角」，美容師也會比主人懂得狗狗不喜歡的事，例如狗狗舔腳舔到趾間發炎，造成狗狗不愛被碰觸腳，透過詳細的觀察，美容師會比你更懂狗狗！

專業的美容師懂得詳實紀錄狗狗每一次的狀況，透過每星期的紀錄來觀察，觀察狗狗狀況有沒有好轉或惡化，美容師可以幫狗狗的健康做最基礎的檢查，也會適時建議狗狗是否需要看醫生。

5、經營的歷史

體驗服務前記得先去了解店家的營業狀況、歷史，並透過店家的服務人員，了解該店家的服務，還可以詢問附近狗友的消費經驗，上網查詢客人對該店家的評價如何，有沒有發生過什麼糾紛或是負面評價等。

帶狗狗去美容店，一定要仔細詢問該美容店的美容師關於洗澡、美容的細節事項，並且將你家狗狗的注意事項，都詳實地告知美容師，在溝通過程中，觀察美容師的反應，有沒有認真地將主人傳達的注意事項牢記！

再來，如果你家的狗狗有分離焦慮症，當狗狗要進去美容室，不要跟狗狗說「掰掰」或是「乖乖，洗完澡等下爸爸／媽媽就會來接你囉！」這些道別語言，這些話會令狗狗更加焦慮，也增加美容師服務狗狗的困難度，很

可能讓毛小孩每次去美容店時，都聯想到得和爸媽分離，進一步對洗澡美容產生反感喔！

6、是否有使用烘箱？
如果能找到全程使用狗狗專用吹風機及掃水機手工吹乾的店家最好。

7、如果能找到只洗狗狗沒有貓咪的美容店家，那對狗狗來說更好了～
因為陌生的狗和貓咪通常會讓彼此緊張，若是有大、小狗獨立空間的美容室最好，避免大、小狗狗同時在美容室，有可能會爭吵、緊張，讓狗狗更幸福舒適。

 如何和美容師溝通？

❶ 在狗狗進去美容室前，主人可以和美容師一起檢查狗狗外在生理狀況，包含眼睛、耳朵、嘴巴、鼻子……檢查有哪裡正在發炎，有沒有皮膚過敏或是哪裡有紅疹。事先觀察記錄，可以避免洗澡美容完後有狀況，無法確定是不是不當洗澡方式造成的。

要將狗狗的注意事項詳實地告知美容師，包含狗狗的過去病史，如果獸醫師有特別告知，要避免狗狗洗澡太激動，例如：心臟病等，務必告知，請美容師特別留意！

狗狗如果有在不同的美容沙龍洗澡過，之前的美容師所告知關於狗狗需要注意的事項，或是不喜歡的事（剪趾甲？拔耳毛？清耳朵？），都應該主動告知美容師，可以避免狗狗在洗澡、美容過程受傷，也能避免狗狗在掙

扎時咬傷、抓傷美容師。

❷ 詢問美容店家使用哪些品牌的洗毛精，通常店家都會使用具有知名度的廠牌，如果不放心，可以特別詢問產地、看清楚成分。若是狗狗皮膚特別敏感，則要特別留意成分，是否為低刺激性、無香料。

同時也需詢問美容師：桌面、工具是否在每次使用完畢後都會消毒？完善的清潔、消毒，可以避免狗狗生病、被感染。

❸ 第一次去新的美容沙龍，在美容室外面觀察狗狗，不要站在狗狗一眼就可以看見你的地方，稍微躲起來，避免狗狗看見你太過焦慮，無法冷靜接受美容師的服務。

注意看美容師幫狗狗剪趾甲、修剪腳底毛的動作，控制狗狗的手法是否溫柔。如果狗狗在基本美容的過程掙扎，不好操作，留意美容師是強硬壓制，還是會用溫柔的保定手法安定狗狗，或是請其他美容師協助進行，不會讓狗狗在基本美容的過程中受傷。

洗澡、吹毛、美容這三個階段，留意美容師是否眼、手不離狗，讓狗狗在最安全的狀態下享受服務。就算美容店有使用安全吊繩，也要留意美容師不能夠離開狗狗，因為狗狗跳下桌被繩子勒住，也是很危險的事情！觀察美容師吹毛、美容手法是否熟練，能不能穩定控制住狗狗，如果美容時狗狗情緒激動，很容易受傷！

建議不要選擇使用烘箱的美容店，如果沒辦法，要特別觀察狗狗是否習慣密閉空間。有些狗狗因為沒有關籠習慣，對密閉空間很反抗，可能會撞烘箱，造成受傷。

❹ 洗澡美容完來接狗狗回家時，美容師會和主人說明今天服務的狀況，好的美容師會同時告知觀察到的狀況：皮膚、耳朵是否乾淨、有沒有哪裡過敏或是有紅疹等狀況。

我們好好沙龍則是使用「服務處方籤」，像是家庭聯絡簿一樣的詳實記錄服務過程，包括使用的洗毛精、今天做的服務項目：基本美容、細修臉部雜毛、修剪腳圍毛……並會特別註明狗狗身上要注意的地方，該如何改善狀況，可以讓主人更了解狗狗健康細節。

主人還可以詢問美容師，狗狗在服務的過程中，有什麼是狗狗比較喜歡或不喜歡的事，例如說：狗狗頭部很怕沖水或很怕吹風、狗狗怕剪趾甲、狗狗不太專心，容易被其他狗狗影響分心……詳細詢問可以讓你知道自己狗狗的喜好、恐懼。如果自己要幫狗狗洗澡時，也可以更快上手。

⑧
狗狗也有SPA唷

● **狗狗SPA的好處：**

- 促進新陳代謝、血液循環，排毒。
- 深層清潔毛囊、去除老廢角質。
- 活化滋潤毛髮、緊實肌膚、放鬆肌肉。
- 改善、舒緩問題皮膚。

若是每月都能定期「幫自己也幫狗狗至少做一次SPA療程」就再好也不過了：）

狗狗SPA分兩大種，一種是全身塗上護膚護毛品，護膚的同時幫狗狗按摩。這種方式看了本書中詳細的說明，大部份的主人在家就可以幫狗狗SPA，另一種是牛奶泡澡SPA，這個SPA需要上狗狗沙龍。

● **狗狗SPA粗分幾類**

芳香精油SPA：

建議選用有機認證的精油，精油的種類非常多，每種都有不同的療效，加在一起功效又不同，雖然臺灣官方並無認證精油的療效，但是在加拿大、法國等國家，精油芳療師的身份和醫

狗狗SPA和人的SPA有一樣的幸福效果～
可安撫情緒、釋放壓力，
讓皮膚及毛髮得到更好的營養，改善皮膚，
修復乾燥毛髮。

生是一樣的，並有國家檢定考試。因為精油具有強大療效，能防蟲、減壓鎮靜、改善情緒、改善乾燥、排除異味等。狗狗又比人更脆弱敏感，建議可以購買特別針對狗狗開發的產品較好。

深海泥SPA：

你們家的狗狗去野外是不是也喜歡在泥巴裡打滾？

如果主人沒有阻止，其實很多狗狗喜歡全身敷上泥巴，原因是泥巴具有強力排毒效果，其實泥巴敷上人體也有一樣的好處唷！在毒物學博士陳立川博士的著作《人體空間排毒》這本書裡就提到過「黏土澡排毒法」，其實和狗狗自己敷上森林裡面的泥巴，或者購買深海泥幫狗狗敷上毛髮是一樣的，然後再用按摩方式幫助海泥導入。富含多種天然礦物質與天然植物性保濕成分能濕潤毛髮、恢復毛髮彈性、深層清除毛囊的角質及廢物、改善血液循環、平衡皮膚pH值並增加抵抗力、消炎抑制皮屑、止癢、改善體味等，有強大效果。

其他產品，香薰浴鹽／水果SPA：

另外還有不少狗狗SPA產品，像是天然配方日本溫泉死海鹽，能保濕、消除體味、緊實肌膚並滋潤毛髮，或者使用天然水果中營養、富含的多種維生素成分，能活化與修復毛髮，使毛髮柔順有光澤的水果SPA……主人們都可以試試看。在購買前要特別注意成分以及保存日期。

如何幫狗狗按摩？

您可以單獨幫狗狗按摩，也可以均勻的敷上其中一種保養品後，幫狗狗做SPA按摩。

狗狗的皮膚很薄，體型也比人小好幾倍，所以按摩的力道只要稍微施壓就可以了，小型狗狗大約是人的三分之一力道，中大型狗狗大約是人的一半力道。

狗狗85%的穴位都集中在頭部與脊椎區。

按摩順序為：頭→頸部→背部→臀部→四肢

整套SPA基礎按摩循環，小型狗約10分~15分，中大型狗15~20分鐘就夠了。

● 頭頸的按摩方式

頭頂有四神聰穴位區，小型犬可以使用食指或中指；中大型犬使用大拇指輕柔緩慢的順時鐘畫圓使狗狗放鬆。小型犬三秒移動一圈；中大型犬五秒移動一圈。

● 背部和臀部的按摩方式

1、雙手拇指（如下圖的方向）由耳後→頸部→背部→臀部方向輕揉按摩，一秒移動到一個區域。

2、使用食指、中指、無名指搭配大拇指，按圖的方向揉捏皮膚進行按摩，此步驟可促進背部的淋巴循環。

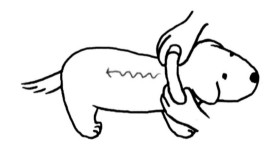

3、使用刮痧板輔助，刮痧板分成平面以及凹面（側面），使用凹面輕輕刮過脊椎，按摩脊椎兩側的穴道（如下右圖），再使用刮痧板的平面（如下左圖方向）輕柔刮過按摩。

● 四肢的按摩方式

使用雙手手掌，上下握住四肢，以一手握一手開，兩手不同時開握為原則進行按摩，促進保養霜的吸收。

● 微氣泡牛奶SPA：

牛奶SPA並不是用牛奶來泡澡唷～是用物理的方式來清潔淨化。牛奶泡澡機因為打出的純水氣泡比毛細孔還要小，原本透明如水的顏色會變得和牛奶一樣，所以叫做牛奶SPA。能深層清潔毛孔去除老廢角質，改善毛孔堵塞、發炎。高含氧、高保濕，含負離子，能讓毛髮保濕澎鬆。鎮定舒緩過敏症狀，若狗狗有紅疹、皮屑問題，洗牛奶SPA很有效果。

我們家前幾年收養的近十歲的浪浪雪納瑞狗「愛德華」，剛來的時候皮膚全身是皮屑，而且非常的油，每次洗完澡，兩天後就黏糊糊的，而且發出怪味。後來連續每星期洗牛奶SPA，一個多月後皮屑完全消失，而且毛髮澎鬆不再油膩。很推薦這個物理性的SPA療程，不僅對皮膚的淨化力很好，也可排毒。

因為牛奶泡澡機一台要十幾萬，一般家庭購買不實際，臺灣現在已經有不少美容店有這個設備，若是狗狗皮膚不好，很推薦試試牛奶SPA，讓狗狗泡澡舒爽一下。

持本書至我們好好，

狗狗SPA海泥／水果／精油任選一次79折優惠

狗狗SPA可排毒、深層清潔皮膚、去除毛囊角質、放鬆肌肉～

要改善狗狗問題皮膚如毛屑、體味、毛孔堵塞發炎嗎？

一定要來讓狗狗來做SPA！

請帶狗狗到店，請專業美容師依狗狗膚質狀況協助挑選。

＊每書限兌換乙次，優惠不可合併使用，獒犬、鬆獅、狼犬等犬種恕不適用，請先來電預約與確認

＊我們好好：台北市民生社區新中街50號　Tel: 02-2766-0986

持本書報名參加「美容師親授在家幫狗狗美容洗澡課」可享獨家優惠

獨家
好康

想要Ａ級雙冠軍美容師親自教授如何幫自己狗狗洗澡嗎？讓狗狗從此可以舒舒服服享受和你的美好洗澡時光……

＊兩人成行即可開班，800元/h，也可一對一上課唷！ 1200元/h

＊每書每人限兌換乙次9折優惠，優惠不可合併使用，工具及狗狗自備

＊請先來電預約

Part 5

狗狗的醫生

人生是一連串的學習，
但是心態必須開放
才有辦法真正學習，
否則很容易被操控。
　　　——喬科維奇

古代咪咪狗第一次去看醫生，是因為相親時（本來想讓他生小狗的），被一隻很壯卻不懂得憐香惜玉的男生古代狗在背上咬了一個洞，當時去的醫院小，沒有咪咪站得下的醫療檯，所以站在地上乖乖的讓醫生黏傷口。眼睛特別大的咪

咪狗，卻在這時候被醫生養的一隻黑貓抓花了眼睛，當場流血……醫生雖然當場給予治療，但可能也是造成咪咪的眼睛提早失明的一個不可考的因素。

後續創立了我們好好，在上電視節目的時候認識了一位專攻眼科的台大獸醫，後來他常帶著他們家的三隻狗來我們好好消費，有一天看見咪咪狗的大眼睛，發現他有水晶體混濁的狀況，建議我最好幫咪咪狗開刀取出水晶體，以免日後失明……我聽了建議之後，因為不想讓他兩次全身麻醉挨兩次刀，所以決定一次開刀拿出兩隻眼睛的水晶體，開刀的結果非常讓人心痛，吃了近兩個月的類固醇保住了差點要移除的眼球（因為不停的腫大），馮咪咪從此再也看不見了，醫生說是因為我接回家時沒有把咪咪照顧好。

二〇一五年的春天，跟著我常常在森林跑步的米克斯狗愛麗絲，因為不吃飯而且嘔吐，送去給醫生檢查時發現感染了小焦蟲，送醫打針治療，五個星期的注射治療之後，突然愛麗絲又不吃東西了，而且不停的大聲發出嘔吐的聲音，送去醫院一檢查，肝指數標到四千多，住院五天，每天打藥，完全拒食，最後醫生建議我們食道灌食。不捨看著愛麗絲狗一天比一天虛

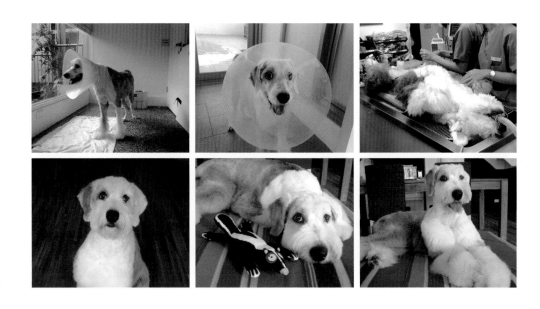

弱，又再帶去給朋友介紹的中醫師……沒想到一切為時已晚，家中三隻狗裡年紀最輕愛麗絲狗，因此離開了我們身邊。

這些經歷令人心痛，但正面來看都是學習的過程。

狗狗若是生了症狀比較嚴重的病，至少要找三位以上的醫生診療是比較好的作法，再來依據不同醫生給的建議治療，同時自己要專心觀察狗狗被治療後的狀況，做更客觀即時的評估，這很重要。

小焦蟲感染目前的醫療無法處理，狗狗只能和他們共存。小焦蟲會寄生在紅血球內，感染後當狗狗免疫狀況好時，會被控制住不發作。一旦發作，會破壞紅血球，造成貧血。常見的症狀為發燒、免疫系統下降、厭食、出血斑、貧血、黃疸、肝脾腫大、血尿。

① 如何找適合狗狗的醫院？

人和狗狗最好能都不生病，萬一生病了，會需要好醫生來幫助狗狗痊癒。狗狗的身體比人脆弱很多，如何找適合的狗狗醫生特顯重要！

狗狗最好同時有幾個不同醫生，介紹大家一些找到適合的獸醫院的方法：

1、信任的美容店家／美容師的推薦：

在狗狗居家疾病方面，因為美容師接觸的狗狗眾多，再加上專業訓練，通常推薦的醫院可以列為評估。

2、資深養狗的親友推薦：

請注意是資深養狗的親友，不是養貓或養兔子養蜥蜴養蛇……的親友，也不是才剛剛養狗沒多久的朋友。最好是家中有老狗，他們家的狗狗看起來健康，能與家中狗狗品種相近的更好！

3、網路上的推薦與評價：

網路上有很多有用的資訊，但也有很多不實的傳播，一樣是列為評估。

4、找離家附近的醫院：

離家近對狗狗看醫生比較方便，能夠散著步去狗狗也會比較開心，不過重點一樣是要好好的觀察評估！

以上幾種是找尋狗狗醫生的方法，不過最重要的是主人們自己的觀察與評估，因為這個世界上只有你最瞭解自己的狗狗啊！

 觀察與評估（這是重點唷！）

醫院環境是否整潔？

這是最基本的要求，如果我們去一家診所看病，全都是灰塵，我們應該也不會想要在這樣的環境做治療吧。狗狗也是一樣，何況醫生還要做開刀結紮等手術，不整潔乾淨雖然是一種表象，也代表著醫療管理上的狀況。

馮咪咪最開始去的那家小醫院就很髒亂，當時雖然覺得怪怪的，但是因為是資深養狗朋友大力推薦的，所以就沒多想，現在回想起來真覺得愚信很可怕啊！

醫生，員工是否愛狗？

觀察醫生和員工與狗狗講話的態度，其實就可以感覺到是否有愛，有些醫生態度冷冰冰的，或者很兇，或者多問他一句就感到不耐煩……這些狀況都建議列入考慮。因為沒有愛沒有熱情，很有可能是只把醫療當成一個賺錢的工具，醫院裡面的員工若是不愛動物，粗心大意，這些都有可能造成狗狗永久的傷害。

設備是否符合狗狗的需求？

大狗狗的醫院空間要夠大，尤其是治療檯，還記得前面治療檯面太小，馮咪咪只能在地上治療，然後被貓抓傷眼睛的慘案故事嗎……（泣）

診所裡沒有養貓

臺灣的動物醫院目前還沒有聽說只收狗的，所以貓咪和狗狗同時看診在所難免，但是如果本身就有養貓（而且是好幾隻貓）又讓他們隨處亂跑，建議狗狗就不要去了，因為貓咪的攻擊力很強，狗狗有可能會因此受傷。

價格：

狗狗不像我們有健保，本來醫療費用就很高，建議各家比一下價錢，如果找到的醫院各項評估條件都很好，但價格昂貴，就需要考慮自己的經濟能力，是否可以成為狗狗固定的家庭醫院。

2

醫生的心態開放嗎？

「心態開放的人會散發正面能量，而心態守舊的人則會散發負面能量。」
世界網球冠軍喬科維奇所寫的這本《喬科維奇身心健康書》裡面談到：好
的食物 → 運動 → 開放心態 → 正面能量 → 絕佳成果。是這位仰賴著身體
維生的世界冠軍實行好多年的生活循環。

他提到西醫的傳統治療方式，以頭痛舉例，如果哪裡痛西醫就給止痛藥，
針對頭痛的狀況治療，而不是針對病因。有時候頭痛的解藥，可能只是一
杯水那麼簡單（因為脫水會造成頭痛），不像中醫或是阿育吠陀醫學，則
是重於治療根本原因。

臺灣主流獸醫是西醫，若是心態不夠開放、學習心不夠強的醫生是不會去
瞭解其他療法。就會容易產生只治療表面上的問題，而不注重身心靈整體
調整的狀況。狗狗若是長瘤就手術切除，白內障就開刀、拉肚子就給止瀉
藥……都可能會是治標不治本的治療方式。

3

幸運！

在臺灣還是有不少心態開放的獸醫，積極的學習中醫，將治根治本的治療手法用在狗狗身上。更幸運的是，我尋找了多年問了許多親友，而我們家美容師也都找不到適合的狗狗中醫師……

某一天傍晚，和老公帶狗去散步的時候，發現新家附近有間獸醫院，一問之下，才發現這裡就有位中醫師駐診，雖然只有星期三和星期日兩天，不過也夠幸福了，而且醫院本身又夠大，裡面還有隻美麗穩重到不行的阿富汗院狗。

一開始先觀察，所以先帶三隻狗狗給狗狗中醫健康檢查。不僅用了西醫的血檢方式來觀察狗狗健康狀況，同時再加上中醫的把脈，一邊看醫生、一邊閱讀狗狗心裡事。好棒！對狗狗身心狀況有了更佳的瞭解。

已經邁入十二歲的老古代咪咪狗，本來不太能走的後腿，聽醫生建議吃狗狗的維骨力，不到兩個星期活動力大增；因為白內障開刀多年漲大紅腫的眼球，連續點了前一位西醫開的四種眼藥水都不見效，竟然在吃了一星期的中藥後就消腫了。

浪浪雪納瑞愛德華狗的血瘀，以及眼球的輕度混濁；剛來我家不久，滿兩歲的邊境珍妮佛狗因為欠缺跑步的鬱悶，通通被「把脈」把出來了。

這才知道，原來狗狗用中藥以及食療的治療效果，比人來得更快。

醫生說狗狗除了新陳代謝比較快之外，每天不是吃就是睡，當然效果會比每天都要工作的我們來得顯著很多。

此外，24小時急診的醫生要事先找好。若是狗狗本身已經有習慣的家庭醫生，建議問醫生，萬一狗狗在半夜有突發緊急狀況，是否有辦法聯繫得到醫生，若是沒有這項服務，也要請問家庭醫生建議的醫院或方式，以備不時之需。

狗狗何時需要看醫生？

狗狗洗澡時，美容師會將狗狗的身體異狀告訴主人。

主人通常會問：「這狀況嚴重嗎？」「後續該怎麼做？」「要看醫生嗎？」 如果我們能對狗狗疾病有基本了解，並且有初步判斷能力，將可以減少「一有異狀馬上看醫生」的窮緊張窘境，或者「過於疏忽」而延誤黃金就醫時間的狀況。

便便不正常

狗狗其實常常發生拉肚子的狀況，尤其是從飼料換成鮮食的時候，甚至加了新的油脂營養，都有可能會拉肚子。如果精神狀況很好，食慾也很好，那麼主人不要太緊張，這通常會是一種排毒現象，禁食12小時觀察，腸胃休息就自然會修復。

如果精神食慾狀況不好，出現血便（如果不是因為吃了紅色的食物，像是蘋果、紅龍果……），就得去找醫生檢查才行。

吃比較少或完全不吃了

狗狗的食慾好不好，是評估狗狗是否健康的一個重要指標。

狗狗平常的食慾好，如果突然變不好（沒有改變原有飲食種類），便可能是生病的一個前兆。要特別注意。如果連續好幾餐不吃，甚至連水都不喝，建議要趕緊找醫生做檢查。

嘔吐不止或一直乾嘔、咳嗽

狗狗的嘔吐神經很發達，這是狗狗自我保護的一個功能。當狗狗吃了異物（或是吃太多）時，會主動吐出，一些狗狗不適應坐車，暈車嘔吐，這都是正常現象，不必過於擔心。

如果發生嚴重嘔吐狀況好幾天，甚至連喝水都吐，要趕緊找醫生做檢查，通常是重大疾病出現的表象，我們家愛麗絲狗當年發現肝指數飆升四千多時，就是不停的乾嘔。

呼吸困難

狗狗在天氣悶熱、劇烈運動後，呼吸會變淺且快，這是正常現象。若非這些狀況而突然呼吸困難或呼吸大且深，那麼可能患有呼吸道疾病，如氣管炎、支氣管炎、氣胸等，要送醫院檢查。

發燒

建議在家裡常備一個狗狗專用體溫計（只要是標上狗狗專用的即可，或是去藥房買人用的也可以，狗狗是量肛溫）。

狗狗的正常體溫比人略高，大約為38.5度。幼犬的體溫更高一些，約38.5～39.5度之間。狗狗在運動後或炎熱的夏天，體溫會比正常時略高。但如果狗狗的體溫超過40度時就有些嚴重了！需要找醫生，如果臨時找不到醫生也可以用冷水先幫狗狗冷敷降溫。

狗狗步態奇怪，不愛走路活動

從躺著到爬起來站著需要一些時間、起身時像睡久腳麻的感覺、走路會有拖行的樣子、關節接合處明顯腫脹，伸展時常會發出「咔」的聲音，這需要請醫生檢查是否骨頭出問題了。

後肢或四肢的麻痺或癱瘓

極有可能是椎間盤出現退化及異常脫出症狀，可能很急性，也可能是慢性。

好發有臘腸、北京狗、米格魯、貴賓、西施、可卡、柯基等，其中臘腸狗罹患此病的機率為其他犬種的十倍，好發年齡為三至七歲。

如果家中的狗狗突然癱瘓起不來了，中醫的針灸以及整脊師都有很好的治療方法。

個人建議，不論是人或是狗狗都不要開刀，用侵入式的方式治療，對於身體自然的自癒力不見得是加分，植入的金屬是否會造成重金屬中毒，也是要考慮的。

預防重於治療，人和狗狗都一樣。建議每年至少做一次健康檢查，若是有狗狗中醫師的健康檢查更好，可以更全盤的了解狗狗的身心靈狀況。

4

郭文賢醫師的訪談
狗狗和我一樣幸福

1、郭醫生在何種狀況下去學習狗狗中醫呢？是學習人的中醫來轉換成狗狗的，還是目前已經有狗狗中醫訓練的專門學校呢？

在獸醫原本所受的教育裡，很多時候病到了一個階段可能就只剩安寧或是安樂兩條路，因為積極治療所帶給狗狗的痛苦是很多主人不願見到的。在一次的看診過程中，一隻叫做妹妹的漂亮博美犬因不明原因的貧血，轉介數間動物醫院診治後，除了定期輸血已經無其他辦法，在這機緣下我接觸到了中獸醫，隨著中獸醫前輩們的治療，妹妹不但脫離危險期且狀態愈趨穩定，後來身體狀況恢復如往昔般的健康。令人驚訝的是，很多原本西醫不易處理的疾病，在中醫的診治上皆有不少改善，不論是癌症、心臟或腎臟疾病、腸胃或皮膚問題、甚至情緒等，在正確的治療下都有長足進步。

在獸醫這方面，不論是中西醫，理論基礎與人大同小異，很多資深的中獸醫師是先自修了人的中醫再來做狗狗的治療，而現在中獸醫的課程結合了人的中醫基礎理論與動物們本身的特質來做診斷與治療，其中又以狗、馬和貓最為主流，但過程中還有很多可以進步的空間，這也是目前臺灣的中獸醫師們齊心努力的目標，希望能提高狗狗們的醫療水平與生活福祉。

目前培養獸醫師的五所大學都已經有包含部分中獸醫的學程在內，國外更有針對中獸醫師培訓的完整學程。臺灣也有許多中獸醫前輩不留餘力地推廣中獸醫教學，希望中獸醫可以為狗狗的醫療與保健開啟一條新的道路。

2、就您的瞭解，臺灣獸醫學習中醫（或自然療法）的狀況如何？大家去找狗狗中醫看診時需要注意些什麼呢？

其實臺灣很早即有中獸醫的醫師培訓，於一九九七年就已經有中華傳統獸醫學會的成立，提倡傳統獸醫學及其相關科學之學術研究發展，同時定期發行學術刊物並提供資訊交流管道。於二〇〇八年更有中華亞太小動物中醫學會的成立，致力推廣中獸醫診療技術在小動物臨床上的應用，亦提倡小動物中醫及其相關科學之學術研究發展與資訊交流等。

這幾年更有國外完整的中獸醫體系於臺灣開班授課，臺灣的獸醫師們不只致力於學習傳統醫學，也精進中醫的草藥與針灸，更有許多孜孜不倦的獸醫師們努力學習著狗狗行為學、精油療法、芳香療法、花精療法、順勢醫學、量子醫學等，以求能在狗狗們於最低限度不舒服的情況下，得到最好的醫療效果。

去找狗狗中醫看診最重要的是：詳實回答醫師的問診。

因為狗狗無法表達自己的不舒服，像是精神、食慾、大小便的狀況，對中獸醫師來說是很重要的資訊，現在的中獸醫除了問診，觀察，把脈之外，同時也會使用西醫的儀器來做檢查，更能清楚釐清狗狗的身體狀況。主人對醫師的後續診治要更有耐心才行，因為以中獸醫的治療方式來說，若是需要長時間治療的疾病，會需要更長的時間，才會出現效果。

中獸醫師們很困擾有些狗狗無法餵食中藥，所以後續也特別將狗狗的中藥做成藥丸，或是藥粉混上糖漿等方法讓狗狗吃中藥，主人們要更有耐心配合醫師們餵藥，這樣才會對狗狗產生好的治療效果。

3、若是以狗狗和我一樣幸福的觀點來看，郭醫生會建議結紮嗎？

狗狗要不要結紮？從不同的論點與角度所得到的結果不盡相同，由於狗狗的結紮和人不同，人結紮可以節育，但不會影響到賀爾蒙分泌，而狗狗卻會因此而失去賀爾蒙影響終生。以公狗而言，結紮的好處最主要可以避免攝護腺增生、攝護腺癌和圍肛腺腫瘤的發生，但這些疾病發生的機率並不高，若是單純為了避免疾病發生而絕育是有待商榷的；相對的，若是為了避免意外交配，或是公狗會因為發情而導致行為或生活作息的極大異常，影響到自己的生理甚或影響到家人，此時就會考慮結紮以增進和狗狗相處時的生活品質。

至於母狗結紮的好處在於減低乳房腫瘤的發生機率與杜絕子宮蓄膿的可能性，同時亦可避免發情時帶來的不適，因此目前普遍都會建議母狗結紮；以個人觀點而言，除非母狗的飲食、運動與環境皆有適當的照料，否則依現在的生活環境與飲食習慣是無法減低子宮蓄膿發生的機會，故仍建議優先考慮絕育，至於絕育是否會引起賀爾蒙失調等內分泌疾病則尚無定論。

不論是公狗或母狗，結紮後皆容易產生體重增加、皮毛較黯淡無光，因此需要更注意營養的給予與運動量增加，至於個性方面，有的會稍有變化，而少部分的母狗甚至會有漏尿的情形發生。

總而言之，只要狗狗的生活品質是好的，生理健康亦維持良好，不一定需要結紮，但若是已經有到醫院做檢查，最好以當下檢查的狀況來評估。

4、很多狗狗有白內障的問題，請問郭醫生對這方面的治療有何建議？

白內障就是原本透明清澈的水晶體變得混濁，因而造成視網膜上呈像模糊，一般來說老化是造成白內障的主因，但也會因為環境或體質的改變，

例如外傷、藥物、糖尿病、新陳代謝的異常而提早產生。

目前針對輕微症狀多採取點眼藥以減緩白內障的形成，嚴重到近乎失明才會考慮開刀，尤其是現在狗狗眼科醫療技術非常進步，在白內障未完全成熟時進行手術成功率極高，然而很多手術會失敗於術後的照顧，因為狗狗不懂得保護自己，只知道癢了就去抓去磨，導致最終仍無法恢復視力。

就中醫觀點而言，犬隻白內障就是圓醫內障（中醫用詞），主要由先天不足（中醫稱：胎患）或是肝腎陰虛最為常見，當然還有其他如脾虛、肝經風熱、陰虛濕熱、甚至外傷等可能性（與人大同小異），治療方式也會因原因不同而不同，用不同的藥物、食物，甚至搭配針灸來加強療效；然而中醫治療的效果會因體質及嚴重程度而效果不一。

以中醫的專業說法來說，例如肝腎陰虛者，主要滋養肝腎；肝經風熱者則需平肝清熱且疏風；陰虛濕熱者以養陰、清熱、除濕為主。只要治療得宜，一定會有明顯的幫助，甚至有機會逆轉白內障的形成。

市面上有些中藥甚至已有科學證實，對中老年人的白內障視力有所改善，如杞菊地黃丸、消障明目丸、消障靈等等，雖然對於狗狗尚未有研究報告可證實，但狗狗經適當中獸醫治療，是可以有明顯改善效果的，因此會建議狗狗在初期症狀時採取雙管齊下的治療方式，一邊調養身體服中藥，一邊則可點眼藥來求最大功效，如果狗狗願意配合還可以搭配針灸來做治療，至於白內障手術的必要性，當然有時仍是不可或缺的。

5、郭醫生建議狗狗平常要如何吃呢？一天吃幾餐？吃鮮食好還是飼料或是生食？

狗狗最主要就是營養要均衡，但難在我們現代人有可能連自己都飲食不均衡了，何況是狗狗？

雖然飼料的營養是很足夠完整的，但吃久了也有可能因為體質改變而繼發一些如皮膚病或是腸胃不適等問題，另外，不論鮮食或飼料在量或是餐數方面都是因個體而異的，雖然書上或飼料商都會提供每日建議攝取量，但主要還是要看狗狗的活動量和新陳代謝的速度而定，最容易評估的就是體重和體格狀況評分（Body Condition Score，簡稱BCS，可參考：https://goo.gl/NqUa6I），如果想清楚詳細內容可以查詢WSAVA全球營養準則的營養評估準則。

至於餐數，成犬一天以兩至三次，少量多餐為宜。尤其是較胖的狗狗可以藉少量多餐的方式，幫助狗狗消除飢餓感，甚至能控制體重。要特別注意的是，有些狗狗比較不耐餓，會於早上吐一灘黃水，也就是胃酸，一天飲食下來又無異常，此時就必須於將晚餐量稍微增多或睡前再次給予極少量食物，否則為此吃腸胃藥實在是不必要的。

至於食物的種類，會建議以鮮食為主而飼料為輔，鮮食含的營養素與水分較佳，對於腸胃的消化吸收負擔亦較少，但若是沒有精算則會沒有飼料的營養來得平均。因此在忙碌的時候給予飼料是個不錯的選擇，甚至鮮食中加入少許飼料都很好，但切記不要長期都只吃不均衡的鮮食或單只有飼料，否則會有很多疾病上身。

至於生食，只要衛生上沒有問題，狗狗其實更愛吃，生食即使稍微加熱調理，營養價值也不會有太大差異。吃生食時，部分酵素和維生素較不易流

失，但吃生食一樣需要注重營養均衡才是最重要的。

6、郭醫生每次介紹給我們家狗狗的食材他們吃了都有不少的改善，聽說您正在寫狗狗食療的書，方便先幫我們先介紹嗎？

其實狗狗和我們人一樣，也有不同的體質和個性，並會隨著犬種、年紀、成長環境及飼主的餵食習慣跟著改變。

根據我看診的經驗，醫藥雖能幫助病患發揮立即見效功能，但卻無法幫助狗狗維持長期健康，尤其每隻狗狗的症狀體質均不相同，必須靠飼主長期正確的營養餵食，才能真正達到預防保健目的。

中醫強調「醫食同源、藥食並用」的自然療法觀念，也是中醫與西醫最大不同之處。為此，我特別依照狗狗常見體質分類，結合動物中醫、西醫營養理論，利用食物的屬性、功效，針對不同的體質或症狀，提供相對性的食譜及食療建議，希望能幫助主人用最簡單的烹調及方法，用對食物就能改善狗狗的健康，讓身體平衡運作，同時達到補氣強身的預防效用。

雖然並不是所有的食譜或食療皆適用於每隻狗狗，很多時候要先經過醫師們的診斷才不會弄巧成拙，這也是我們會把狗狗體質與症狀做分類的原因，希望能達到因材施教、因症狀而異的輔助治療。

舉例而言，馮咪咪狗、愛德華狗、珍妮佛狗，因為品種、體質、脈象與身體狀況皆不盡相同，因此給予的食療建議都是不大一樣的！

平常這些資料文章，都會分享在臉書「寵愛健康」（https://www.facebook.com/groups/withhealth）社團裡，不定期也有相關活動舉辦，歡迎飼主有任何疑問，可以隨時在社團內一起留言討論。

郭文賢醫師介紹

郭文賢 獸醫師

臺灣大學獸醫學系畢業

中華傳統獸醫學會會員

二〇一二年取得加拿大自然醫學療法學位

二〇一四年完成臺灣Chi Institute基礎認證

二〇一五年完成傷寒六經中獸醫培訓班結業

二〇一六年考取美國Chi Institute國際獸醫針灸師證照

目前擔任 台北澤禾動物醫院 主治醫師

兼任 汐止新北動物醫院 特約醫師

致力於犬貓中獸醫治療與食療發展研究，

希望透過中西醫整合治療，替寵物們謀最大福祉。

Part 6

狗狗教我們的事

狗狗是我們心中的小王子，
來告訴我們如何品味稍縱即逝的人生

每一段的相遇都是「施與受的關係」。

和狗狗的豢養關係，

從外看起來像是我們給狗狗吃的喝的住的，

照顧狗狗生老病死。

但曾經養過狗狗，

擁有過「和狗狗一起活過他的一生」的主人們心裡都清楚明白，

其實狗狗是宇宙超人派來的小王子，

上帝派來的小天使。

他們的到來，

是為了來教我們「如何品味稍縱即逝的人生」。

① 愛就是愛、惡就是惡

不做作、不矯情、不說謊、不活在別人的期望下，
對自己100%的誠實

對喜歡的事情不知道該如何積極爭取？害怕展現渴望？怕丟臉？怕和人家不一樣？做著不喜歡的工作？過著自己不喜歡的生活？對討厭的事情無法表達出聲？無法說No？過著父母長輩期望的人生……「對自己的感受不誠實」其實一直是我們無法快樂起來的最大原因。

不管哪種個性的狗狗，對於自己喜愛的人事物，永遠清楚的「盡力去」表現自己的喜愛，又舔又抱又趴又聞，開口大笑流口水……對於討厭不喜歡的人事物，兇猛的大叫、攻擊、憤怒抵抗……清楚而直接。

狗狗不做作、不矯情、不說謊，狗狗不會去活在別人的期望之下。狗狗對主人忠誠，也對自己的感受忠誠。

和狗狗學習對自己「忠誠」，不隱瞞真實感受、不對自己說謊、也不壓抑自己。

「想笑的時候笑、想哭的時候哭、想跑的時候去跑、想睡的時候去睡、生氣的時候生氣⋯⋯」你看到這裡說不定會搖搖頭，然後問到「這在人類社會中不合宜吧⋯⋯如果我在上班有這些感受時，可以嗎？」

就像狗狗也要透過行為訓練學習禮貌一樣，我們一樣要去學習尊重別人的溝通禮貌（希望未來臺灣的教育可以把這個列為重點），在尊重別人的前提之下，尊重自己的感受，對自己100%的誠實。

當有不舒服的感受時，去尊重自己的感受而不是忽略或是壓抑，或認為自己有這些感受是糟糕的人才會有的（這對自己最傷了⋯⋯），我們如果能夠在不影響別人的狀況下，學習狗狗們盡可能的對自己誠實，那就再好也不過了。

② 活在當下

愛玩、愛動、愛伸展、愛吃、愛散步、愛東聞西聞、愛森林、
愛大地、愛大便、愛尿尿……
正在做喜愛的事情時一定要大笑的啊！

過去是死的，未來是腦中的幻想，只有現在是活著的。雖然如此，但不知怎麼著，太多的時候，我們寶貴的時間要不浪費在「懷念或悔恨著──過去」，要不就浪費在「寄望或害怕著──未來」，仔細想想看，是不是真正活在感受當下的時刻少得可憐？

麻麻，
為何不停下來
吹吹風呢？

還記得上一次你「停下來吹吹風，專心感受風」是什麼時候嗎？還是從來沒有過呢？

風的聲音、風的氣味、風吹在皮膚上的感受是什麼……「每一刻過去之後，就永遠不會再重來過了。」如果我們不懂得如何停下來，靜心感受每個時刻帶給我們的美好，那麼匆忙的轉眼間就會過完此生，仿佛沒有活過一樣。

還記得上一次感謝你生命中重要的某個人，專心凝視那人眼睛裡的靈魂是什麼時候呢？還是從來沒有過？甚至想到這樣的事情，會有些閃躲和不好意思？

不知道你有沒有發現過，我們的狗狗每天都會做這件事情嗎？專心凝視著我們眼睛裡的靈魂，由衷的感謝與回應你對他的愛。

每當遇見風來了的時刻，狗狗總愛停下來，翹著鼻子迎著風、瞇著眼、笑得合不攏嘴，專心的享受風吹過來的當下，專注而快樂的活著。

狗狗們是「活在當下」最完

美的示範者。總是能從很小的事情中獲得很大的快樂滿足，他們愛玩、愛動、愛伸展、愛吃、愛散步、愛東聞西聞、愛森林、愛大地、愛大便、愛尿尿……這些我們以為微不足道的小事情，狗狗卻會因此開懷大笑，這不就是快樂活著的祕密嗎？

出去玩的注意事項

出門必備物品清單

☐項圈/牽繩 ☐撿便袋 ☐外出袋/提籠

☐除蚤用品 ☐暈車藥 ☐毛巾/濕紙巾

狗狗生活用品

☐尿布墊 ☐禮貌帶/生理褲 ☐衣服

☐餐碗/水碗 ☐飼料/零食 ☐飲用水 ☐玩具 ☐睡墊

冬季天冷時要帶狗狗出去玩，別忘了穿上保暖的衣物，炎熱的夏季
狗狗剪了短髮，若是在室內或是車子上長期吹冷氣，最好穿上薄衣
服以免感冒，狗狗穿衣服的時間都建議不可以過長，適時將衣服脫
下處理毛髮，並同時檢查皮膚有沒有狀況。

散步

依散步的範圍可以選擇當日要用的小物，如果只是在家樓下散散步
就只需要準備撿便袋與紙巾、水（我們家是用淘汰的單車水壺來沖
尿，很好用～），如果是範圍較遠的散步行程，別忘了準備狗狗最
愛的玩具以及水碗與喝的水。

夏天去玩水

不管是海邊、溪邊、狗狗泳池，替狗狗準備專屬救生衣注意安全，更可以準備能夠漂浮在水上的玩具，讓狗狗能在玩水時增加與狗狗的互動。

外宿小旅行

外出住宿狗狗難免會缺乏安全感，這時候建議準備平常狗狗使用的小睡墊，讓狗狗好安心，去森林戶外玩耍，天然的（注意要用天然的）驅蟲噴劑更不可省。

坐汽車出去玩

帶狗狗開車旅遊時，建議將狗狗置於外出籠或背袋內，或是用狗狗專用安全帶將狗狗固定在座椅上，除了不影響開車專注力，更能保護狗狗安全。

坐摩托車出去玩

帶狗狗騎摩托車時，狗狗最好可以安置在外出籠或背袋內，最少最少要用牽繩將狗狗固定於腳踏板上，出發前需注意狗狗身體保暖，避免著涼。

坐公車出去玩

帶狗狗搭乘公車時，依照規定要自備寵物專用籠或袋子（尺寸限27立方公分以內），不得置放於座位、行李架上或車廂通道，影響其他乘客。

狗狗搭乘公車是免費的。

坐火車出去玩

帶狗狗搭乘火車時，依照規定要自備寵物專用籠或安置在袋子內（尺寸限長43公分、寬32公分、高31公分以內），且包裝完固無便便尿尿漏出。

狗狗搭乘火車也是免費的。

坐高鐵出去玩

帶狗狗搭乘高鐵時，需置於包覆完整的容器內（尺寸限長55公分、寬45公分、高38公分以內），且包裝完固無便便尿尿漏出之疑慮，可放置於座位下方空間，而且不能妨礙其他旅客或離開容器內部。

狗狗搭乘高鐵也是免費的。

坐捷運出去玩

帶狗狗搭乘台北大眾捷運時，需置於袋子或籠子內（尺寸限長55公分、寬45公分、高40公分以內），且包裝完固無糞便液體漏出，狗狗的頭、尾及四肢均不得露出，每位購票旅客限攜帶一件。

帶狗狗搭乘高雄捷運時，需置於寵物箱或袋子（尺寸限長80公分、寬60公分、高30公分以內），以不妨礙其他旅客為原則且應自行照料。

狗狗搭乘北高捷運都是免費的。

坐國道客運出去玩

需自備寵物專用籠或袋子，不得置放於座位、行李架上或車廂通道影響其他乘客，乘車途中不能將寵物抱出籠外。

狗狗搭乘客運費用與籠子規格依照各家規定而不同，一定要事先與每一間客運公司做過確認。

we are forever ~

③

我們教你握手，你教我們放手

——截自《狗與鹿》

每一次的相遇、每一次的在一起、每一次的離別，都是人生滋味。感受自己的存在，成為別人的愛，去豢養和被豢養、去學著笑著離別。

曾經看過一篇外國狗狗溝通師的文，文裡說狗狗其實不害怕死亡，會害怕死亡的只有人類。

狗狗知道死亡是一種自然的事情，死亡只是從一個形體轉換到另外一個形體的自然轉換過程，若是身體有病痛的狗狗甚至心裡會期待死亡的來臨，好解脫到另外一個健康的身體裡面去解決病痛。

這和我研讀的《瑜珈生活禪》書裡提到佛學裡的生離死別觀點不謀而合。

禪學裡說，生命就像是一樹的葉子一般，活著的時候我們要努力發芽生長，盡全力讓自己長得漂亮活得精彩；落葉歸根的時候到了，了然於心的自然飄落，回歸大地，再次化成養分，讓一切歸零，好重新來過。一旦我們真正明白了宇宙生命的正常輪迴邏輯，學會和狗狗一樣全然擁抱每個當下，自然就會對死亡現象明瞭，而不再只是感到害怕而想逃避。

提筆前，自以為活得比狗狗幸福很多，心中希望著「狗狗和我一樣幸福」所以來寫這本書，書寫到末了，才發現我的生命不見得比他們來得有能力感知活著的幸福。

如何面對狗狗離去的悲傷

心中的愛逝去，是一定會傷心的啊！

狗狗去當了小天使，很多人會想放聲大哭，有些人會想哭但哭不出來，可能是多年來被壓抑在社會價值觀之下，或者聽從了他人錯誤的建議，像是「男兒有淚不輕彈」，朋友勸說不要哭，狗狗看你哭也會不開心，或是這有什麼好難過等。結果聽了這些錯誤建言，不去肯定自己的情緒而去壓抑自己的悲傷情緒。

其實壓抑情緒就像去壓抑彈起來的皮球一樣，愈打壓會彈愈高，愈壓會愈嚴重，久了就造成抑鬱攻心。所以若是難過想哭就放聲大哭啊，這再自然也不過了，這才是紓解情緒的好方法。
情緒無法控制，只能安撫，讓悲傷宣洩掉，自然心中的鬱悶會得到改善。

除了想哭就哭，肯定自己的情緒。同時在此難過期間多去曬太陽、多去戶外運動、光腳接地氣或是夏天多泡海水、湖水、多流汗、多泡澡，這些對於改善狗狗離去的悲傷情緒，都有很大幫助。

狗狗的新陳代謝比人類迅速，生病快、恢復也快，生命輪迴的速度比人類短很多。狗狗的主人幾乎無法避免，都會面對到狗狗的死亡。

狗狗到來的第一天，我們的相遇、每一天的相處、我們一起學習快樂、生氣、悲傷、難過、歡喜，一直到最後，我們也會一起學習如何好好放手，仿佛人生的縮影一般。

狗狗是上帝派來的小天使，我們心中的小王子，在有限的生命相遇、在短暫時光中示範給我們了解，人生應該如何好好愛、如何好好活、如何好好放手。

二〇一五年五月十三日凌晨，是我第一次學習如何放手的時刻，愛麗絲狗在我們的面前，離開他病痛了好一陣子的身體。

那一夜我的眼淚沒有停過，天亮後，我們帶著他，經過他最愛跑步的山路，去到了火葬場。

在火化的儀式前，我們和他用平常說悄悄話的樣子輕聲告別後，突然間心中緊緊抓住的那條繃緊的繩子被鬆開了。

「每一次的相遇，都是久別重逢。」電影一代宗師裡說。

我感覺到了，在未來某一天，在某個地方，我們會再用某種形式，再次相遇的。

當離別的時刻來臨，唯有放手，才能讓彼此幸福。

那個週末我們和平常一樣，帶著愛麗絲狗的骨灰一起去森林跑步，我們將他的骨灰埋在常常去跑步的森林中，一顆美麗的樹下，現在每次帶著珍妮佛狗去跑步時，我們還是三不五時的想起愛麗絲狗，並提到我們之間曾經擁有的愛，這是永遠不會消失的。

一起幸福唷～

持本書至 **我們好好** 拍照打卡

即可任選一罐以下產品 **免費兌換**

可可威達椰子油		毛天使洗毛精
天然冷離心初榨	or	歐盟有機成分認證
市價450元		市價300元

＊一書優惠僅限乙次，限量各40瓶，換完為止

每日在我們好好粉絲團上公佈數量，兌換前請先來電確認！

我們好好：台北市民生社區新中街50號 **電話**：02-2766-0986

國家圖書館出版品預行編目資料

狗狗和我一樣幸福：這輩子，我們要一直
一直在一起 / 馮云, 熊爸, 我們好好團隊
著 . -- 初版 . -- 臺中市：晨星, 2016.07

面； 公分 . -- (寵物館；42)

ISBN 978-986-443-154-0(平裝)

1.犬 2.寵物飼養

437.354   105009094

寵物館 42

狗狗和我一樣幸福
這輩子，我們要一直一直在一起

作者	馮 云 、 熊 爸 、 我 們 好 好 團 隊
主編	李 俊 翰
編輯	邱 韻 臻
美術編輯	王 志 峯
封面設計	陳 其 煇

創辦人	陳銘民
發行所	晨星出版有限公司
	台中市工業區 30 路 1 號
	TEL：（04）23595820　FAX：（04）23597123
	E-mail:service@morningstar.com.tw
	http://www.morningstar.com.tw
	行政院新聞局局版台業字第 2500 號
法律顧問	陳思成律師
初版	西元 2016 年 7 月 1 日

郵政劃撥	22326758（晨星出版有限公司）
讀者服務	（04）23595819 # 230
印刷	啓呈印刷股份有限公司

定價 350 元
（缺頁或破損的書，請寄回更換）
ISBN 978-986-443-154-0

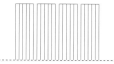
更方便的購書方式：

(1) 網站：http://www.morningstar.com.tw
(2) 郵政劃撥　帳號：22326758
　　　　　戶名：晨星出版有限公司
　　請於通信欄中註明欲購買之書名及數量
(3) 電話訂購：如為大量團購可直接撥客服專線洽詢

◎ 如需詳細書目可上網查詢或來電索取。
◎ 客服專線：04-23595819#230　傳真：04-23597123
◎ 客戶信箱：service@morningstar.com.tw